福建省野生果树图志

◎ 韦晓霞　叶新福　余文权　编著

中国农业科学技术出版社

图书在版编目 (CIP) 数据

福建省野生果树图志 / 韦晓霞, 叶新福, 余文权编
著. — 北京 : 中国农业科学技术出版社, 2019.1
ISBN 978-7-5116-4025-3

Ⅰ. ①福… Ⅱ. ①韦… ②叶… ③余… Ⅲ. ①野生果
树–福建–图集 Ⅳ. ①S66-64

中国版本图书馆CIP数据核字（2019）第020454号

责任编辑 李 雪 徐定娜
责任校对 贾海霞
出 版 者 中国农业科学技术出版社
　　　　　北京市中关村南大街 12 号 邮编：100081
电 话 （010）82105169（编辑部）
　　　　　（010）82109702（发行部）（010）82109709（读者服务部）
传 真 （010）82106626
网 址 http:// www. castp. cn
经 销 商 各地新华书店
印 刷 者 北京富泰印刷有限责任公司
开 本 787 mm×1092 mm 1/16
印 张 16
字 数 322千字
版 次 2019 年 1 月第 1 版 2019 年 1 月第 1 次印刷
定 价 180.00 元

作者简介

韦晓霞，女，1973年4月出生，硕士，副研究员。1995年毕业于福建农林大学，现供职于福建省农业科学院果树研究所，从事果树资源调查及选育种研究工作，长期进行野生果树的野外实地考察，注重调查研究，收集了大量的福建省野生果树第一手珍贵资料。先后主持福建省自然科学基金、福建省科技厅公益类科研院所专项、农业部热带作物物种品种资源保护项目、福建省种业工程等科研项目。获得福建省科学技术奖二等奖、三等奖等奖项。

叶新福，研究员，男，1967年出生，博士，二级研究员。现任福建省农业科学院果树研究所所长，福建省园艺学会副理事长。农业部热作品种审定委员会委员，福建省落叶果树工程技术中心主任。

长期从事作物遗传育种研究。曾留学美国、以色列等国家访问交流植物生物技术。先后主持和参加科技部支撑计划、农业部热带作物项目、福建省科技重大专项等国家和省部级项目10余项。发表学术论文100多篇；获作物新品种权3个、授权发明专利4项；制定国家行业标准2项、福建省地方标准3项，主持培育作物新品种12个。作为主要参加人研究成果先后获国家发明二等奖1项、福建省科技进步奖一等奖1项、二等奖2项、三等奖1项，主持李资源和利用研究获福建省科技进步二等奖。

余文权，男，农学博士，教授级高级农艺师。现任福建省农业科学院副院长，茶叶科技创新团队首席，中国茶叶学会副理事长。主持第三次全国农作物种质资源普查与收集行动福建省系统调查与抢救性收集项目，"福建茶树优异基因资源挖掘利用创新及配套技术研究与示范"福建省科技行业重大专项等。撰写专业论文60余篇，主编或参编著作6部，参与制定标准7个，专利20余项。

内容提要

　　《福建省野生果树图志》是作者十几年在野外广泛考察福建省野生果树的基础上完成的，收录了产于福建省的 42 科 89 属 219 种（含变种或变型）的野生果树，涵盖了福建省分布的绝大部分野生果树种类。每种野生果树都有简短精练的文字，介绍其分类地位、形态特征、分布、用途等，并配上植株、花、叶或果实等局部或整体照片以便对照鉴别。书籍内容丰富、图文并茂、简明实用，对深入研究福建省野生果树种类、物种的多样性及环境保护等都具有重要的意义。该书可作为农业、林业、医药业、园艺业、食品业等学科专业人员的参考书，也有利于广大植物爱好者认识、保护和利用野生果树。

项目资助

本书由基金项目：福建省属公益类科研院所基本科研专项"黑老虎等优异野生果树资源评价与驯化利用"；福建省公益类科研院所基本科研专项"果树优良品种基地建设与示范"；福建省"第三次全国农作物种质资源普查与收集行动"项目；福建省农业科学院项目"福建省重点农业县农作物种质资源的调查收集及其评价与应用"；福建省农业科学院出版基金"福建省野生果树图谱"资助。

序

我国是世界上最大的果树起源中心之一，野生果树资源极为丰富。在我国各个省区往往分布有与自然条件相对应的、独特的野生果树资源。福建地处中国东南沿海，地形复杂，阳光充足，降水充沛，资源丰富，是我国野生果树的荟萃之地。福建省野果驯化栽培的历史十分悠久，最早记载在三国、晋、南北朝时代，当时已对柑桔、荔枝等十几种果树资源进行驯化栽培。可食野果是古人的主要食物之一，用以果腹充饥。野生果树除直接提供可食果品和食品加工原料外，许多还是栽培果树的优良砧木、抗性育种材料以及重要的观赏、蜜源、药用、香料等的用材。如金樱子、杨梅、华桑等果实能酿制果酒、果汁；野木瓜、野山楂等晾晒可加工制成果脯；越桔、高粱泡等可制作美味的果酱；石楠、小果蔷薇等花朵繁茂、富含蜜汁，是良好的蜜源植物。野生果树在长期的自然选择中还形成了对环境适应性强，抗逆性能好，种类和变异复杂多样的特点，为果树育种改良以及提高抗病、抗寒能力等提供了丰富的杂交育种材料。

随着人们生活水平的提高和资源开发的深入，野生果树以其庞大的数量、丰富的遗传多样性、突出的抗逆性和适应性、显著的食疗价值、新颖的风味以及纯天然、无污染、富含营养等的独特优势，正在成为果树选育种、食品加工等研究领域关注的焦点。除科研价值外，野生果树资源也为我们的生活增添许多享受与乐趣，当人们走进山野，看到挂满枝头，色彩纷呈的各种野果，品尝到满山遍野美味的野果时，也会感到别有一番滋味。

野生果树资源对促进社会经济发展，改善和提高人民生活质量等具有重要的作用，而开发利用的基本前提是调查其种类、性状、分布与用途。本书作者十几年来坚持野外实地调查福建的野生果树资源，拍摄了大量珍贵图片，收录了产于福建省的 42 科 89 属 219 种（含变种或变型）的野生果树，涵盖了分布在福建省的绝大部分野生果树种类。书籍内容丰富、图文并茂、简明实用，有助于福建省野生果树资源的合理开发与利用、生物多样性的保护。也为植物学爱好者、科研人员乃至与植物有关的生产部门提供了重要的基础资料。

　　"万石谷，粒粒积累；千丈布，根根织成。"《福建野生果树图志》一书通过作者十多年的不懈努力，刻苦钻研，现已编辑完成，即将印刷出版，将为福建省野生果树的研究提供一份宝贵的资料。我从事果树教学与科研工作四十五载，现已年近百岁，乐见其成，爱书数语，谨以为序。

龚 钧智

2019.2.25 于福州

前　言

福建省地处中国东南沿海，介于北纬 23°33′ 至 28°20′、东经 115°50′ 至 120°40′，是个多山的省份。山带北高南低，有不少 1 500 米以上的山峰，如黄岗山、戴云山等；山地外侧广泛分布着丘陵山地，其海拔大多在 250 ～ 1 000 米；沿海地带则形成冲积、海积平原。福建地形复杂，且靠近北回归线，受季风环流和地形的影响，形成暖热湿润的亚热带海洋性季风气候，热量丰富，雨量充沛，光照充足，年平均气温 17 ～ 21℃，平均降水量 1 400 ～ 2 000 毫米，气候条件优越，且垂直变化比较显著，形成了多样化的地方性气候，适宜多种作物生长。这样的生态环境，为各种野生果树的生息繁衍，提供了有利条件，使福建成为中国亚热带野生果树的荟萃之地。

野生果树资源作为基因的载体，是选育果树优良品种、发展生物技术、推动果树生产的物质基础。目前，规模栽培的很多果树种类，均由起源于中国的野生果树经过长期的人工引种驯化和品种选育培育而成。福建省野生果树种类多、分布广，但野生果树种质资源方面的研究较为不足，至今尚未有一部图文并茂、能全面、系统地反映福建省野生果树种质资源的图志供使用，本图志希望能填补这方面的空白，为福建省野生果树资源保护与开发利用提供参考。

本图志作者长期从事福建省野生果树资源的调查及评价等相关研究，二十年来野外调查足迹遍布福建省大部分市县，特别注重武夷山、梁野山等自然保护区、重要的植物分布区以及植被较好的森林等地的调查，在多年的野外调查拍摄中积累了大量野生果树图片。本书以丰富的图片生动地介绍了产于福建省的 42 科 89 属 219 种 (含变种或变型) 野生果树，涵盖了福建省分布的大部分野生果树种类。内容包括每种果树的分类地位、中文名、拉丁名、形态特征、分布、用途等，各个树种基本上包含了植株、花、叶、果等图片，便于读者识别与应用。有些种类，如三叶野木瓜等为福建省首次报道分布。

　　本图志裸子植物按照郑万钧系统，被子植物按照恩格勒系统排列，各科内的属、种按照植物拉丁学名的字母顺序排列，与现有植物志及植物检索表保持一致，便于共同查阅和使用。物种名称主要参照 *Flora of China* 进行核对，形态术语部分参照《种子植物外部形态学名称》《中国高等植物图鉴》等书籍。本图志中所有图片除已有署名外的皆由韦晓霞拍摄。第一章节撰写人韦晓霞、叶新福、余文权，第二章节撰写人韦晓霞。

　　本图志也供果树学、种质资源保护、食品加工、中医药、环境保护等专业的师生、科研人员及相关管理部门、生产单位的工作人员等参考使用，也对野生果树的野外识别有较高的参考价值，但由于作者水平有限，书中疏漏与错误在所难免，敬请读者批评指正。

　　本书在编撰过程中得到各级领导的大力支持，在此表示感谢！特别感谢上海辰山植物园 2015 年植物分类学培训班的全体师生，尤其是南京中山植物园刘兴剑高级工程师、上海辰山植物园陈彬博士、福建师范大学陈炳华副教授等在野生果树种类鉴定等方面给予了大量帮助；以及福建省农业科学院郑少泉研究员、福建省农林大学吴少华教授、福建省农业厅李健推广研究员等人的帮助指导；福建省果树研究所百岁老人龚钧智老专家审阅书稿提出宝贵意见并欣然作序；野外调查中得到了潘少霖、余伟军、张美娇、陈新艳、杨一峰、张惠光、苏享修等人的大力支持，得到三明市格氏栲省级自然保护区、武夷山国家公园管理局等单位的协助，一并表示衷心感谢！

编　著　者

2018 年 6 月 15 日

目 录

第一章　福建省野生果树概况

第二章　福建省野生果树资源

裸子植物

被子植物

第一章

福建省野生果树概况

中国是世界上植物种类最为丰富的国家之一，高等植物种类仅次于马来西亚和巴西，居世界第三位。福建省是中国植物多样性较为丰富的省份之一。福建地处中国东南沿海，是个多山的省份，山带北高南低，有不少 1 500 米以上的山峰，如黄岗山、戴云山等；山地外侧广泛分布着丘陵山地，其海拔大多在 250～1 000 米；沿海地带则形成冲积 、海积平原。福建地形复杂，加上属于暖热湿润的亚热带海洋性季风气候，且气候的垂直变化比较显著，形成了多样化的地方性气候。这样的生态环境，为各种野生果树的生息繁衍，提供了有利条件，使福建成为中国亚热带野生果树的荟萃之地。

野生果树除直接提供可食果品和食品加工原料外，许多还是栽培果树的优良砧木、抗性育种材料以及重要的观赏、蜜源、药用、香料、油脂、用材和水土保持树种。随着人们生活水平的提高和资源开发的深入，野生果树以其庞大的数量、丰富的遗传多样性、突出的抗性适应性、显著的食疗价值、新颖的风味以及纯天然、无污染、富含营养等独特优势，正在成为果树选育种、食品加工等研究领域关注的焦点。野生果树资源日益受到人们的重视。

一、野生果树的含义

狭义的野生果树指果树的野生种，广义的野生果树指果实或种子可食及加工后可食的野生的多年生植物，本图志收录的为广义的野生果树，包括逸生者。根据近几年野生果树种质资源调查研究的进展，普遍认可野生果树包括各类野生或半栽培果树（包括引入后逸生者），有的木本和多年生草本植物，虽然它们已经被人类规模化栽培，但人类栽培的目的不是可食果实和种子而是其他原材料或用于观赏，这类植物结有可供人类直接食用或经加工后适宜于人类食用的果实和种子，因此也视为野生果树范畴，如罗汉松（*Podocarpus macrophyllus*）、槟榔青（*Spondias pinnata*）等。本图志不收录大规模栽培的果树，如龙眼（*Dimocarpus longan*）、荔枝（*Litchi chinensis*）、番荔枝（*Annona squamosa*）、杨桃（*Averrhoa carambola*）等，但收录同时存在栽培状态和野生状态的果树种类如杨梅（*Myrica rubra*）、余甘子（*Phyllanthus emblica*）等。本图志收录的部分种类其果实和种子作为香料或染料食用，但本身并不食用，因此标注"*"予以区别，如山胡椒（*Lindera glauca*）、山鸡椒（*Litsea cubeba*）、栀子（*Gardenia jasminoides*）、红木（*Bixa orellana*）、野花椒（*Zanthoxylum simulans*）。

二、福建省野生果树种类

1. 科属分布

据报道，中国野生果树计有 73 科、173 属、1 076 种和 81 变种及变型。经已报道的名录进行初步统计，福建省野生果树资源有 256 种。本图志结合调查研究情况，筛选收录了 42 科 89 属 219 种，较全面地体现了福建省野生果树的分布状况与特点。

种子植物的两大类群裸子植物和被子植物，银杏（*Ginkgo biloba*），三尖杉（*Cephalotaxus fortunei*），小叶买麻藤（*Gnetum parvifolium*）等野生果树为裸子植物；其余皆为被子植物。

野生果树以科比较，其科内含有的种类数相差大，其中以蔷薇科（Rosaceae）的种类最为丰富，有 16 属 51 种（含种下单位，下同），此外，桑科（Moraceae）、葡萄科（Vitaceae）、猕猴桃科（Actinidiaceae）、壳斗科（Fagaceae）、忍冬科（Caprifoliaceae）的种类最为丰富，这 6 个科野生果树的种类占总量的 50.45%。而银杏科（Ginkgoaceae），石榴科（Punicaceae）等科中只含有 1 种的野生果树。

2. 按习性分

（1）乔木

如尖嘴林檎（*Malus melliana*）、梨（*Scurrula philippensis*）、胡桃楸（*Juglans mandshurica*）等。

（2）灌木

如乌饭（*Vaccinium mandarinorum*）、桃金娘（*Rhodomyrtus tomentosa*）等。

（3）藤本

如买麻藤（*Gnetum montanum*）、葡萄（*Vitis vinifera*）、猕猴桃（*Actinidia chinensis*）等。

（4）草本

如野蕉（*Musa balbisiana*）、地菍（*Melastoma dodecandrum*）等。

3. 按果实类型分

（1）聚合果

一朵花内的若干离生心皮形成的一个整体的果实，如黑老虎（*Kadsura coccinea*）、山莓（*Rubus corchorifolius*）、茅莓（*Rubus parvifolius*）等。

（2）聚花果

一整个花序形成的一个整体。如桑（*Morus alba*）、构树（*Broussonetia papyrifera*）、构棘（*Cudrania cochinchinensis*）、薜荔（*Ficus pumila*）等。

（3）浆果

外果皮薄，中果皮和内果皮厚而肉质，并含丰富的汁液。如木通（*Akebia quinata*）、南五味子（*Kadsura longipedunculata*）、中华猕猴桃、桃金娘、山葡萄（*Vitis amurensis*）、尖叶四照花（*Dendrobenthamia angustata*）等。

（4）梨果

由下位子房参与花托形成的果实，花托与外果皮、中果皮愈合，厚而肉质。如野山楂（*Crataegus cuneata*）、湖北海棠（*Malus hupehensis*）、尖嘴林檎、豆梨（*Pyrus calleryana*）等。

（5）核果

外果皮薄，中果皮肉质，内果皮坚硬，称为核果，如杨梅、胡桃楸、南酸枣（*Choerospondias axillaris*）、枳椇（*Hovenia acerba*）、桃（*Amygdalus persica*）、李（*Prunus salicina*）、梅（*Armeniaca mume*）、余甘子、多花山竹子（*Garcinia multiflora*）等。

（6）柑果

外果皮和中果皮界线不明显，软厚，外层有油囊，内果皮呈分隔瓣状，具多汁的毛细胞。如枳（*Poncirus trifoliata*）、金柑（*Fortunella japonica*）等。

（7）坚果

果实成熟后不开裂，果皮坚硬，内含种子1枚。这种果实常有总苞包围，或有变形的总苞（壳斗）所包围。如板栗（*Castanea mollissima*）、锥栗（*Castanea henryi*）、青冈（*Cyclobalanopsis glauca*）等。

（8）蓇葖果

由单个心皮形成的果实，成熟时沿背缝线或沿腹缝线一侧开裂。如苹婆（*Sterculia nobilis*）、三叶木通（*Akebia trifoliata*）、木通等。

（9）蒴果

由2个以上合生心皮形成的果实，成熟后开裂，开裂形式多样。如野牡丹（*Melastoma candidum*）、毛菍（*Melastoma sanguineum*）等。

4. 福建省珍稀野生果树资源

福建省野生果树资源十分丰富，但野生果树资源的现状令人担忧，受环境污染、滥伐森林、超限采摘、盲目开垦等人类活动影响，部分野生果树资源的破坏程度十分严重。福建省野生果树虽然整体上非常丰富，但具体到每个树种尤其是种下优异类型的数量往往稀少，一些热带亚热带野生果树的数量急剧减少，野生果树有的分布区域十分狭窄，有的分布零散，有的因滥采滥伐，资源量极少，当其生态环境稍加破坏，就有可能处于灭绝的临界线。如银杏（*Ginkgo biloba*）、香榧（*Torreya grandis*）、白桂木（*Artocarpus hypargyreus*）等已列入国家或省级重点保护名录。野生果树除了原生境保护，还应加强迁地保护工作，如建立野生果树种质资源保存基地，尤其注重保存经济、科研价值较高的珍稀濒危野生果树，作为后续利用的基因库。

三、福建省野生果树分布

从福建省野生果树的自然分布来看，混生于常绿阔叶林和针阔混交林中，以壳斗科种类丰富；针叶林、竹林和灌丛，多以猕猴桃科等一些藤本及灌木类的野生果树为主；山地草甸及草坡多零星分布一些蔷薇科和越桔科（Vacciniaceae）的野生果树。从福建野生果树种质资源的地理分布来看，由于受地理位置和海陆方位、地形以及人类活动的影响，不同的区域野生果树的种类、分布、数量上有较大差异。

1. 高海拔山地的野生果树资源

福建省野生果树种质资源最丰富的地区为省内海拔较高的山地。包括南平地区、宁德地区、龙岩地区、三明地区的尤溪、古田、闽清、屏南、泰宁、将乐、武夷山、永安、沙县等地。主要为山地，土壤多为山地黄壤、黄壤和红壤。气候特点是冬长夏短，气候温凉，年平均气温在 12～16℃；相对湿度高达 82%～86%，是福建境内气温最低、相对湿度最大、降水量最丰富、植被最繁茂、植物种类最多的地区。该区常见的野生果树主要有猕猴桃、越桔（*Ericaceae vaccinium*）、南酸枣、金豆（*Fortunella chintou*）、金樱子（*Rosa laevigata*）、悬钩子（*Rubus Palmatus*）、豆梨、香榧、杨梅、枳椇、野山楂、五味子（*Schisandra sphenanthera*）等，壳斗科的米槠（*Castanopsis carlesii*）、甜槠（*Castanopsis eyrel*）、白栎等坚果类野生果树在这里分布也较广泛，其种子含淀粉高，种子味甜。这些种类蕴藏量大，具有较大的开发潜力。

2. 沿海地区平原、丘陵的野生果树资源

包括连江、罗源以及闽东沿海的大部分地区，由于本区植被破坏较严重，林相完整的常绿阔叶林保存不多，大多为次生性类型，野生果树主要分布在山坡各地。该区的特点是丘陵、低山、平原面积小，地势起伏不平，年平均气温多在 17～20℃。海洋性气候明显，无霜期在 260～310 天，年均相对湿度在 80% 左右，土壤主要为红壤，土层相当厚，多呈酸性。由于本区所处的位置及地形条件，特别是与海洋性季风气候的调节有很大关系，有不少南亚热带的喜热性野生果树，如桃金娘、地菍、野牡丹、木通、山莓、买麻藤。温带地区的落叶性野生果树如茅栗（*Castanea seguinii*）、南酸枣等野生果树也较常见。

3. 闽南热区的野生果树资源

闽南地区是福建境内热量最充足、雨量最少的地区。有的地方终年无霜，年均气温在 19～22℃，属于湿润气候类型，土壤以红壤为主。由于本地区丰富的水热资源，不少热带果树如菠萝蜜（*Artocarpus heterophyllus*）、番荔枝、鳄梨（*Persea americana*）等

在这里都能正常生长、结实，该区是福建省水果种类最多，产量最高的地区，素有水果之乡的美称。由于本区人们生产、生活活动的影响。该区地带性植被绝大部分遭到破坏，形成的植被多为次生类型。区内分布的野生果树数量较少，且多以亚热带种类为主。常见的有余甘子、桃金娘、赤楠（*Syzygium buxifolium*）、杨梅、青果榕（*Ficus variegate*）、多花山竹子等，其中余甘子的年产量可达 3 000 吨左右，居全国前列。

四、福建省野生果树资源利用现状及开发前景

中国是世界果树起源中心之一，野生果树种质资源十分丰富。野生果树虽然大多数表现为果实小、产量低、口感较差、不易贮运等特点，但在食疗价值和药用价值上却往往表现出明显的优势，随着人们生活水平的提高和对保健食品的重视，野生果树成为纯天然、无污染的绿色食品应用前景广。野生果树在漫长的自然演进过程中经历过各种恶劣生境和毁灭性病虫害的选择，能生存下来并得以发展，往往具有良好的适应性和较全面的抗性，野生果树在抗性育种和抗性砧木方面的利用价值也会越来越重要。福建丰富的野生果树资源开发利用潜力较大，如猕猴桃、薜荔、桃金娘、爱玉子（*Ficus pumila*）、木通、华中五味子（*Schisandra sphenanthera*）、黑老虎、岭南酸枣（*Spondias lakonensis*）、南酸枣、野木瓜（*Stauntonia chinensis*）、金豆、胡颓子（*Elaeagnus pungens*）、乌饭等，大量野生果树资源开发前景广阔。

1. 发展为新兴水果的野生果树

‘建科 1 号’猕猴桃是从福建省建宁县的野生猕猴桃种质资源中选出的，猕猴桃已成为当地的一个新兴产业。福建省人工开发种植银杏的历史也较久，种植的银杏年产白果近百吨。在惠安县，余甘子已成为当地的特色水果，主栽品种有蓝丰、粉甘、扁甘、六月白、秋白等，并开发了余甘果饮、余甘子含片、余甘茶等系列产品。近年来，黑老虎、三叶木通、野木瓜等食用价值较高的野生果树也有了零星试种。因此，对一些品质优良、经济价值较高、发展前景看好的野生果树资源进行有计划的引种驯化，开展品种选育、杂交育种及快速繁殖技术研究，培育出优质、高产的优良类型和品种，在生产中加以推广栽培，有着广阔的应用前景。

福建省农业科学院果树研究所注重对长期自然选择过程中形成的较强适应能力、抗病虫能力以及遗传多样性丰富的野生果树的筛选，对利用价值较高野生果树种质资源进行品种选育和人工驯化栽培等研究，以下介绍几种作者近几年从福建省野生果树资源中筛选出来的新优良品种（系）。

（1）大果丰产的南酸枣新品种‘福枣 3 号’

‘福枣 3 号’是从野生的南酸枣资源中经实生选育出的新品种，有着果大、可食率高、丰产性好的特性。

'福枣 3 号'一个结果枝可着生 4 ～ 7 个果实。果实广椭圆形，单果重 18.6 ～ 25.7 克，平均 19.5 克，果实纵横径 3.3 厘米 ×3.0 厘米，可食率 64.9 %。果实大小较均匀，未成熟时果皮绿色，成熟后金黄色，果大且外观好，果肉白色，粘糊状。丰产，10 年生树株产 130 千克。果核椭圆形，核长 2.3 厘米，径 1.3 厘米，顶端具 5 个小孔。经连续多年观察，'福枣 3 号'各植株叶、茎、花、果等植物学特征表现一致，遗传特性稳定。

（2）观赏食用兼用金豆新品系'桔豆'

金豆（*Fortunella venosa*）是一种分布于福建、浙江、广东、江西、湖南一带山林的野生柑橘资源，又叫山金柑、金橘等。目前金豆野外散生分布为主，多样性丰富，很少人工栽培。金豆自然分布常处于林层中下层及林缘，福建省果树研究所在调查和优选的基础上，陆续挖掘筛选了多份不同类型的金豆单株，筛选出观赏食用兼用金豆新品系'桔豆'，'桔豆'春季嫁接当年结果，具有果色鲜艳、丰果、早实等优良观赏特性。较耐荫蔽；全年可多次开花结实，果实豆粒大，成熟时黄色，观赏性高，是制作盆景的良好材料。果实可食，民间多利用加工成蜜饯等产品，深受消费者青睐。

（3）黑老虎优良株系

'黑老虎 2 号'是福建省农业科学院果树研究所从野生的黑老虎通过实生选育出的优良株系：藤本，全株无毛。叶革质，长圆形至卵状披针形，长 7 ～ 18 厘米，宽 3 ～ 8cm，先端钝或短渐尖，基部宽楔形或近圆形，全缘，侧脉每边 6 ～ 7 条，网脉不明显；叶柄长 1 ～ 2.5 厘米。花单生于叶腋，稀成对；雄花：花被片红色，10 ～ 16 片，中轮最大 1 片椭圆形，长 2 ～ 2.5 厘米，宽约 14 毫米，果型为聚合果，表面恰似足球；形状新颖奇特。果大有光泽，表纹象菠萝，垂吊如灯笼；果纵横径 32 厘米 ×20 厘米，平均单果重 310 克；幼果青绿色，成熟为玫红色。果实可溶性固形物 10.5%，味甜且有浓郁的玫瑰香。

（4）三叶木通优良株系

'三叶木通 3 号'福建省农业科学院果树研究所从野生的三叶木通中实生选育出的优良株系：藤本，掌状复叶互生或在短枝上的簇生，叶柄纤细，长 4.5 ～ 10 厘米；小叶纸质，倒卵形或倒卵状椭圆形，长 2 ～ 5 厘米，宽 1.5 ～ 2.5 厘米，先端圆或凹入，侧脉每边 5 ～ 7 条，与网脉均在两面凸起；伞房花序式的总状花序腋生，长 6 ～ 12 厘米，疏花，果孪生或单生，长圆形或椭圆形，长 5 ～ 8 厘米，直径 3 ～ 4 厘米，成熟时紫色，腹缝开裂；种子多数，卵状长圆形，略扁平，种皮褐色或黑色。果实大，果肉白色、多汁、甜度高，可溶性固形物 12.5%。

2. 民间广泛食用的野生果树

福建山地多林，也使福建省的野生果树不仅种类多而且不少树种资源量大。福建的地带性植被为常绿阔叶林，常绿阔叶林中栲属为主要优势树种，如栲树（*Castanopsis fargesii*）、苦槠（*Castanopsis sclerophylla*）、甜槠等；此外，青冈属、栎属等也是阔叶林的主要组成树种。这些壳斗科树种的坚果富含淀粉和糖，可供鲜食或加工后可食，也可酿酒或作饲料。有的壳斗科树种还形成纯林，坚果资源量大也较易于采收。资源量大的壳斗科坚果在福建民有间着广泛的利用，有的还成为当地的特色菜肴，如南平市的苦槠豆腐、建阳市的橡子面、屏南县的鸳鸯面等。野生果树南酸枣在福建的建瓯、建阳、武夷山、政和、浦城、邵武等地资源量大，当地农民有在家中制作南酸枣糕的传统，浦城县更为南酸枣加工的集散地，生产的南酸枣糕供不应求。越桔、金樱子、桃金娘、枳椇等野生果树在福建省常见，分布范围广且资源量较大，民间常用于酿酒。随着人们对保健食品的重视，这些资源量大的纯天然的健康食品有着很好的开发前景。

3. 野生果树药用价值的利用

野生果树虽然大多数表现为果实小、产量低、口感较差、不易贮运等特点，但在食疗价值和药用价值上却往往表现出明显的优势，不少野生果树也是常见的中药材。

福建枳壳主产于闽侯、闽清、古田等地，枳壳其味苦、辛、酸、温，用于胸胁气滞，胀满疼痛，食积不化，痰饮内停，胃下垂等，因其破积消食、理气健胃的独特疗效而成为常用中药材，还大量出口韩国、东南亚各国。余甘子果实可生食也可腌制，药用可消食积、止咳化痰，现已开发了余甘果饮、余甘子含片、余甘茶等余甘系列产品。野生果树南五味子全身都是宝，其果实是常用名贵中药材，秋季果实成熟时采摘，晒干或蒸后晒干，除去果梗及杂质后药用，对人体具有益气、滋肾、敛肺、生津、止渴、安神之功效。山葡萄开胃，可预防和治疗胃痛腹胀。桑葚（*Morus alba*）在胃中能补充胃液的缺乏，可增强胃的消化力。野山楂健脾消炎，可用于开膈破气，治疗消积化滞、腹涨疼痛，脾肿等症。麻梨（*Pyrus serrulata*）有减轻反胃的疗效。山金柑（*Fortunella hindsii*）有开胃的功效。樱桃（*Prunus pseudocerasus*）味甘，性温，中医应用于健脾补气。柿（*Diospyros kaki*）果蒂治疗横膈肌痉挛有奇特效果。猕猴桃还可帮助消化、通便。茅莓茎及鲜叶清热解毒，可治湿疹痔疮、颈淋巴结核。黑老虎以根入药，性温味辛，无毒。具行气活血，消肿止痛之功能，主治风湿痹痛，产后瘀积，跌打损伤，是妇科常备良药。此外，金樱子、木通、野木瓜等野生果树也是常见的中药材。

4. 野生果树资源作为果树育种材料或砧木

中国乃至世界近代科树种大凡野生果树有着悠久的历史，在漫长的自然演进过程中经历过各种恶劣生境和毁灭性病虫害的选择，能生存下来并得以发展，决定他们至少在其自然分布区具有良好的适应性和较全面的抗性，因此野生果树在抗性育种和抗性砧木

9

方面的利用价值会越来越重要。目前许多柑桔品种皆以枳为砧木，山桃、野杨梅可作为桃和杨梅的砧木。野生樱桃可作樱桃抗寒育种的亲本。闽西北山区的海棠可作苹果的矮化砧木。闽北山区的豆梨是寒地栽培梨的优良砧木，这些优异种质将为果树的发展做出了重要贡献。

5. 尚待开发利用的野生果树

目前福建省已开发利用的野生果树还是少数，大量的野生果树资源还"养在深闺人未识"。很多营养、药用价值很高的野生果树资源至今尚未被发掘利用，除有少数鲜果被当地居民采摘食用外，绝大多数的野生果树种类在大自然中自生自灭，如部分木通科（Lardizabalaceae）、悬钩子科、胡颓子科（Elaeagnaceae）的野生果树。随着天然林的砍伐，生境的破坏，一些珍贵的野生果树资源已成为濒危物种，如香榧、白桂木等。因此从整体上看，福建省野生果树的研究和利用水平还是十分落后的，资源综合利用程度低，加工开发滞后，相关产业薄弱，从而限制了野生水果的开发和利用。

6. 食用野生果树注意事项

上山采集野果时应做好防护工作，特别需注意防毒蛇、虫等。

有些果实要脱涩方可食用，如部分壳斗科植物的坚果，要经过清洗－碎浆－过滤－沉淀－脱水－干燥等制作流程，制成豆腐或粉丝等食用。

未成熟的野果通常具较重的苦味或涩味，有的野果在未熟时毒素含量较高，食后易引起中毒，如龙葵等。有些野果有小毒，也应少食，如银杏外种皮、胚芽有小毒，食用时应去除外种皮、胚芽并充分煮熟。过熟易腐烂或有些果实会被苍蝇叮食而极易带菌，不能采食。

对分布广、资源量大的植物可适量采集利用，对分布狭窄、资源稀少的种类则必须予以保护，对国家成省级重点保护的物种及列入极小种群保护的物种尤应注意保护。

第二章
福建省野生果树资源

裸子植物

银杏科 Ginkgoaceae

银杏属 Ginkgo

1. 银杏 *Ginkgo biloba* L.

【形态特征】 落叶大乔木，高达 30 米，胸径可达 4 米；幼树树皮近平滑，浅灰色，大树树皮灰褐色，不规则纵裂；幼年及壮年树冠圆锥形，老则广卵形；枝近轮生；短枝密被叶痕，黑灰色；叶扇形，有长柄，淡绿色，无毛，有多数叉状并列细脉，在短枝上常具波状缺刻，在长枝上常 2 裂。球花雌雄异株，单性，生于短枝顶端的鳞片状叶的腋内，呈簇生状；雄球花莛荑花序状，雄蕊各有 2 花药；雌球花具长梗，梗端常分两叉，稀 3～5 叉或不分叉。种子具长梗，下垂，常为椭圆形、卵圆形，长 2.5～3.5 厘米，径为 2 厘米，花期 3—4 月，种子 9—10 月成熟。

【分布】 银杏各地普遍栽培或半野生。福建最大的古银杏群位于尤溪县中仙乡善邻村，集中连片的古银杏树群有一百多株，最长树龄达 800 多年。浙江天目山有野生状态的树木，北自东北沈阳，南达广州皆有栽培。生于海拔 500～1 000 米、酸性黄壤、排水良好地带的天然林中。

【用途】 外种皮肉质，熟时黄色或橙黄色，外被白粉；胚乳肉质，味甘略苦，种子的肉质外种皮含白果酸、白果醇及白果酚，有毒；种仁俗称白果，营养丰富，供食用药用（但有微毒，不可多食）。银杏树形优美，春夏季叶色嫩绿，秋季变成黄色，颇为美观，常作行道树。

（雌球花）　　（雄球花）

罗汉松科 Podocarpaceae Endl.

罗汉松属 Podocarpus

2. 竹柏 *Nageia nagi* (Thunberg) Kuntze

【形态特征】　乔木；树皮近于平滑，红褐色或暗紫红色，成小块薄片脱落；树冠广圆锥形。叶对生，革质，长卵形、卵状披针形或披针状椭圆形，有多数并列的细脉，无中脉，长 3.5～9 厘米，宽 1.5～2.5 厘米，上面深绿色，有光泽，下面浅绿色，基部楔形或宽楔形，向下窄成柄状。雄球花穗状圆柱形，单生叶腋，常呈分枝状，长 1.8～2.5 厘米，总梗粗短，基部有少数三角状苞片；雌球花单生叶腋，稀成对腋生，基部有数枚苞片。骨质外种皮黄褐色，顶端圆，基部尖，其上密被细小的凹点，内种皮膜质。花期 3—4 月，种子 10 月成熟。

【分布】　福建全省各地常见。产于浙江、福建、江西、湖南、广东、广西、四川。其垂直分布自海岸以上丘陵地区，上达海拔 1 600 米之高山地带。

【用途】　种仁油供食用及工业用，木材为优良的建筑、造船、家具、器具及工艺用材。

3. 罗汉松 *Podocarpus macrophyllus* (Thunb.) D. Don

【形态特征】 乔木，树皮灰色或灰褐色，浅纵裂，成薄片状脱落。叶螺旋状着生，条状披针形，微弯，长 7～12 厘米，宽 7～10 毫米，先端尖，基部楔形，上面深绿色，有光泽，中脉显著隆起，下面带白色、灰绿色或淡绿色，中脉微隆起。雄球花穗状、腋生，常 3～5 个簇生于极短的总梗上，长 3～5 厘米，基部有数枚三角状苞片；雌球花单生叶腋，有梗，基部有少数苞片。种子卵圆形，径约 1 厘米，先端圆，熟时肉质假种皮紫黑色，有白粉，种托肉质圆柱形，红色或紫红色，柄长 1～1.5 厘米。花期4—5 月，种子 9—10 月成熟。

【分布】 福建产永安、永定、永泰、龙岩等地。分布于江苏、浙江、福建、安徽、江西、湖南、四川、云南、贵州、广西、广东等省区，常栽培作为庭园作观赏树。

【用途】 熟时肉质假种皮味甜可食，材质细致均匀，易加工。可作家具、器具、文具及农具等用。

（刘兴剑 摄）

三尖杉科 Cephalotaxaceae

三尖杉属 Cephalotaxus

4. 三尖杉 *Cephalotaxus fortunei* Hooker

【形态特征】　乔木，高达 20 米，胸径达 40 厘米；树皮褐色或红褐色，裂成片状脱落；枝条较细长，稍下垂；树冠广圆形。叶排成两列，披针状条形，通常微弯，长 5 ～ 10 厘米，宽 3.5 ～ 4.5 毫米，上部渐窄，先端有渐尖的长尖头，基部楔形，上面深绿色，中脉隆起，下面气孔带白色。雄球花 8 ～ 10 聚生成头状，总花梗粗，通常长 6 ～ 8 毫米，每一雄球花有 6 ～ 16 枚雄蕊，花药 3，花丝短；雌球花的胚珠 3 ～ 8 枚发育成种子。种子椭圆状卵形或近圆球形，长约 2.5 厘米，假种皮成熟时紫色或红紫色，顶端有小尖头；花期 4 月，种子 8—10 月成熟。

【分布】　为中国特有树种，福建各地较常见，分布于广东、广西、云南、贵州、四川 、湖南、湖北、江西、浙江、安徽南部、陕西、甘肃等省区。在东部各省生于海拔 200 ～ 1 000 米地带，散生于林缘、溪边、路旁阴湿地。

【用途】　果实民间常用盐渍后食用；叶、枝、种子、根可提取多种植物碱，对治疗淋巴肉瘤等有一定的疗效。木材可供建筑、桥梁、舟车、农具、家具及器具等用材。

（雄球花）

（雌球花）

5. 粗榧 *Cephalotaxus sinensis* (Rehder & E. H. Wilson) H. L.

【形态特征】　灌木或小乔木，高达 15 米，少为大乔木；树皮灰色或灰褐色，裂成薄片状脱落。叶条形，排列成两列，通常直，稀微弯，长 2～5 厘米，宽约 3 毫米，基部近圆形，几无柄，上部通常与中下部等宽或微窄，先端通常渐尖或微凸尖，稀凸尖，上面深绿色，中脉明显，下面有 2 条白色气孔带，较绿色边带宽 2～4 倍。雄球花 6～7 聚生成头状，径约 6 毫米，总梗长约 3 毫米，基部及总梗上有多数苞片，雄球花卵圆形，基部有 1 枚苞片，雄蕊 4～11 枚，花丝短，花药 2～4（多为 3）个。花期 3—4 月，种子 8—10 月成熟。

【分布】　产武夷山等地。生于林下。为中国特有树种，分布于广东北部、广西东北部、贵州东南部、四川东部、湖北西部。多数生于海拔 600～2 200 米的花岗岩、砂岩及石灰岩山地。

【用途】　粗榧的园林、药用、油用、材用等利用价值高。木材坚实，可作农具及工艺等用。叶、枝、种子、根可提取多种植物碱，对治疗白血病及淋巴肉瘤等有一定疗效。可作庭园树种。

红豆杉科 Taxaceae

红豆杉属 Taxus

6. 南方红豆杉 *Taxus wallichiana* var. *mairei* (Lemée & H. Léveillé) L. K. Fu & Nan Li v.) L. K. Fu et Nan Li

【形态特征】　乔木，高达 30 米，胸径达 60～100 厘米；树皮灰褐色、红褐色或暗褐色，裂成条片脱落；冬芽黄褐色、淡褐色或红褐色，有光泽，芽鳞三角状卵形，脱落或少数宿存于小枝的基部。叶排列成两列，条形，微弯或较直，上部微渐窄，先端常微急尖，稀急尖或渐尖，上面深绿色，有光泽，下面淡黄绿色，有两条气孔带，中脉带上有密生均匀而微小的圆形角质乳头状突起点，常与气孔带同色，稀色较浅。雄球花淡黄色。种子生于杯状红色肉质的假种皮中，常呈卵圆形，上部渐窄，稀倒卵状，长 5～7 毫米，径 3.5～5 毫米，微扁或圆，先端有突起的短钝尖头，种脐近圆形或宽椭圆形，稀三角状圆形。

【分布】　福建各地常见。为我国特有树种，产于甘肃南部、陕西南部、四川、云南东北部及东南部、贵州西部及东南部、湖北西部、湖南东北部、广西北部和安徽南部（黄山）。常生于海拔 1 000～1 200 米的高山上部。

【用途】　果实红色肉质的假种皮味甜可食。心材供建筑、车辆、家具、器具、农具及文具等用材。种子可榨油。

榧树属 Torreya

7. 香榧 *Torreya grandis* Fort. et Lindl.

【形态特征】　乔木，高达 25 米，胸径 55 厘米；树皮浅黄灰色、深灰色或灰褐色，不规则纵裂；一年生枝绿色，无毛，二、三年生枝黄绿色、淡褐黄色或暗绿黄色，稀淡褐色。叶条形，列成两列，通常直，长 1.1～2.5 厘米，宽 2.5～3.5 毫米，先端凸尖，上面光绿色。雄球花圆柱状，长约 8 毫米，基部的苞片有明显的背脊，雄蕊多数，各有 4 个花药，药隔先端宽圆有缺齿。种子椭圆形、卵圆形、倒卵圆形或长椭圆形，长 2～4.5 厘米，径 1.5～2.5 厘米，熟时假种皮淡紫褐色，有白粉，顶端微凸，基部具宿存的苞片，胚乳微皱；初生叶三角状鳞形。花期 4 月，种子翌年 10 月成熟。

【分布】　为我国特有树种，福建的中心产地在武夷山市桐木村、建瓯县榧村、南平市土堡镇，有成片集中分布的大树。屏南、永泰等县有零星分布。产于江苏南部、浙江、福建北部、江西北部、安徽南部，西至湖南西南部及贵州松桃等地，生于海拔 1 400 米以下，温暖多雨，黄壤、红壤、黄褐土地区。

【用途】　种子经炒熟后味美香酥；种子油可食用，并可制润滑剂和制蜡。

买麻藤科 Gnetaceae

买麻藤属 Gnetum Linn

8. 买麻藤 *Gnetum montanum* Markgr.

【形态特征】　　大藤本，高达 10 米以上，小枝圆或扁圆，光滑，稀具细纵皱纹。叶形大小多变，通常呈矩圆形，稀矩圆状披针形或椭圆形，革质或半革质。雄球花序 1～2 回三出分枝，排列疏松，雄球花穗圆柱形，花丝连合，约 1/3 自假花被顶端伸出，花药椭圆形，花穗上端具少数不育雌花排成一轮；雌球花序侧生老枝上，单生或数序丛生，总梗长 2～3 厘米，主轴细长，有 3～4 对分枝，雌球花穗每轮环状总苞内有雌花 5～8，胚珠椭圆状卵圆形，先端有短珠被管，管口深裂成条状裂片，基部有少量短毛；雌球花穗成熟时长约 10 厘米。种子矩圆状卵圆形或矩圆形，熟时黄褐色或红褐色，光滑，有时被亮银色鳞斑，种子柄长 2～5 毫米。花期 6—7 月，种子 8—9 月成熟。

【分布】　　福建省产南靖、龙岩、福清、连江、南平。分布于广东南部、广西南部、云南南部。生于林下，常攀于千树上。

【用途】　　种子可炒食或榨油，亦可酿酒，树液为清凉饮料。茎皮含韧性纤维，可织麻袋、渔网、绳索等，又供制人造棉原料。

9. 小叶买麻藤 *Gnetum parvifolium* (Warb.) W.C. Cheng

【形态特征】 缠绕藤本，高 4 ～ 12 米，常较细弱；茎枝圆形，皮孔常较明显。叶椭圆形、窄长椭圆形或长倒卵形，革质，侧脉细，一般在叶面不甚明显，在叶背隆起，长短不等，不达叶缘即弯曲前伸。叶柄较细短。雄球花序总梗细弱，长 5 ～ 15 毫米，雄球花穗长 1.2 ～ 2 厘米，径 2 ～ 3.5 毫米，具 5 ～ 10 轮环状总苞；雌球花序多生于老枝上，花穗细长；成熟种子假种皮红色，长椭圆形或窄矩圆状倒卵圆形，长 1.5 ～ 2 厘米，径约 1 厘米，先端常有小尖头，种脐近圆形，径约 2 毫米，干后种子表面常有细纵皱纹，无种柄或近无柄。

【分布】 福建产龙岩、华安、永春、仙游、永泰、南平、福州、福清、宁德。分布于福建、广东、广西及湖南等省区，以福建和广东最为常见。生于海拔较低的干燥平地或湿润谷地的森林中，缠绕在大树上。

【用途】 种子可炒食或榨油。茎皮含韧性纤维，可织麻袋、渔网、绳索等。

被子植物

双子叶植物

杨梅科 Myricaceae

杨梅属 Myrica L.

10. 杨梅 *Myrica rubra* Siebold & Zuccarini

【形态特征】　　常绿乔木，树皮灰色，老时纵向浅裂；树冠圆球形。叶革质，无毛，生存至 2 年脱落，常密集于小枝上端部分，顶端渐尖或急尖，边缘中部以上具稀疏的锐锯齿，中部以下常为全缘，基部楔形；上面深绿色，面浅绿色，无毛；花雌雄异株。雄花序单独或数条丛生于叶腋，圆柱状，通常不分枝呈单穗状。花药椭圆形，暗红色，无毛。雌花序常单生于叶腋，密接而成覆瓦状排列。雌花通常具 4 枚卵形小苞片。每一雌花序仅上端 1 雌花能发育成果实。核果球状，外表面具乳头状凸起，外果皮肉质，味酸甜，成熟时深红色或紫红色；核常为阔椭圆形或圆卵形，略成压扁状，内果皮极硬，木质。4 月开花，6—7 月果实成熟。

【分布】　　全省各地常见野外分布，有很多的栽培品种。分布于江苏、浙江、台湾、福建、江西、湖南、贵州、四川、云南、广西和广东等省区。日本、朝鲜和菲律宾也有分布。生长在海拔 125 ～ 1 500 米的山坡或山谷林中，喜酸性土壤。

【用途】　　果实鲜食，也制作蜜饯，是我国著名水果；树皮富于单宁，可用作赤褐色染料及医药上的收敛剂；根皮药用；有散淤止血，清热利湿作用；种仁富含油脂。

（张泽煌　摄）

（张泽煌　摄）

（张泽煌　摄）

胡 桃 科 Juglandaceae

胡桃属 Juglans

11. 胡桃楸 *Juglans mandshurica* Maximowicz

【形态特征】　　也称华东野核桃，乔木，高达20余米；枝条扩展，树冠扁圆形；树皮灰色，具浅纵裂；幼枝被有短茸毛。奇数羽状复叶生于萌发条上者长可达80厘米，叶柄长9～14厘米；小叶9～17枚，边缘具细锯齿，上面初被有稀疏短柔毛，后来除中脉外其余无毛，深绿色，下面色淡，被贴伏的短柔毛及星芒状毛。雄花具短花柄；苞片顶端钝；雌性穗状花序具4～10雌花，花序轴被有茸毛。柱头鲜红色，背面被贴伏的柔毛。果实球状、卵状或椭圆状，顶端尖，密被腺质短柔毛；果核表面具8条纵棱；内果皮壁内具多数不规则空隙，隔膜内亦具2空隙。花期5月，果期8—9月。

【分布】　　福建省政和、武夷山等地分布。产于浙江、江苏、安徽、江西、福建和台湾等省区。多生于土质肥厚、湿润、排水良好的沟谷两旁或山坡的阔叶林中

【用途】　　种子可食，富含油脂，榨油可供食用及工业。树皮和外果皮含鞣质，可作栲胶原料。木材坚实，经久不裂，可作各种家具。

（叶喜阳　摄）

25

壳斗科 Fagaceae

栗属 Castanea

12. 锥栗 *Castanea henryi* (Skan) Rehder & E. H. Wilson

【形态特征】　落叶乔木，高 20 ～ 30 米；树干端直；幼枝无毛，小枝紫褐色，无顶芽，叶二列，披针形或椭圆状披针形，基部圆形或楔形，边缘有锯齿，齿尖刺毛状；两面无毛（栽培品种除外）侧脉 13 ～ 16 对，直达齿尖；叶柄长 1 ～ 1.5 厘米。雌花序生于枝条下部叶腋，雌花单生于壳斗内，壳斗球形，连刺直径 3 ～ 3.5 厘米，每壳斗仅有 1 个坚果，坚果卵圆形或圆锥形，直径 1.5 ～ 3 厘米，果期 10 月。

【分布】　福建产古田、屏南、沙县、三明及闽北地区。生于向阳、土质疏松的山地。广布于秦岭南坡以南、五岭以北各地，但台湾及海南不产。生于海拔 100 ～ 1 800 米的丘陵与山地，常见于落叶或常绿的混交林中。

【用途】　坚果富含淀粉，味甜可食。木材坚硬，耐湿，可作枕木、建筑、家具用材。生长快，也可作造林树种。

13. 板栗 *Castanea mollissima* Blume

【形态特征】　　高达 20 米的乔木，胸径 80 厘米，冬芽长约 5 毫米，小枝灰褐色，托叶长圆形，长 10～15 毫米，被疏长毛及鳞腺。叶椭圆至长圆形，长 11～17 厘米，宽稀达 7 厘米，顶部短至渐尖，基部近截平或圆，或两侧稍向内弯而呈耳垂状，常一侧偏斜而不对称。雄花序长 10～20 厘米，花序轴被毛；花 3～5 朵聚生成簇，雌花 1～3（或 5）朵发育结实，花柱下部被毛。成熟壳斗的锐刺有长有短，有疏有密，密时全遮蔽壳斗外壁，疏时则外壁可见，壳斗连刺径 4.5～6.5 厘米；坚果高 1.5～3 厘米，宽1.8～3.5 厘米。花期 4—6 月，果期 8—10 月。

【分布】　　福建各地常见。除青海、宁夏、新疆、海南等少数省区外广布南北各地，在广东止于广州近郊，在广西止于平果县，在云南东南部则越过河口向南至越南沙坝地区。见于平地至海拔 2 800 米山地。

【用途】　　坚果富含淀粉，味甜可食，健胃；含单糖与双糖、胡萝卜素、硫胺素、核黄素、尼克酸、抗坏血酸、蛋白质、脂肪、无机盐类等营养物质。栗木的心材黄褐色，边材色稍淡，心边材界限不甚分明。纹理直，结构粗，坚硬，耐水湿，属优质材。壳斗及树皮富含没食子类鞣质。叶可作蚕饲料。

14. 茅栗 *Castanea seguinii* Dode

【形态特征】 小乔木或灌木状，通常高 5～2 米，稀达 12 米，冬芽长 2～3 毫米，小枝暗褐色，托叶细长，长 7～15 毫米，开花仍未脱落。叶倒卵状椭圆形或兼有长圆形的叶，长 6～14 厘米，宽 4～5 厘米，顶部渐尖，基部楔尖（嫩叶）至圆或耳垂状（成长叶），基部对称至一侧偏斜，叶背有黄或灰白色鳞腺，幼嫩时沿叶背脉两侧有疏单毛。雄花序长 5～12 厘米，雄花簇有花 3～5 朵；雌花单生或生于混合花序的花序轴下部，每壳斗有雌花 3～5 朵，无毛；壳斗外壁密生锐刺，成熟壳斗连刺径 3～5 厘米，宽略过于高，刺长 6～10 毫米；坚果长 15～20 毫米，宽 20～25 毫米，无毛或顶部有疏伏毛。花期 5—7 月，果期 9—11 月。

【分布】 福建产建瓯、武夷山、建阳、浦城、将乐、宁化。生于向阳山地。分布于长江以南省区及河南、山西、陕西。生于海拔 400～2 000 米丘陵山地，较常见于山坡灌木丛中，与阔叶常绿或落叶树混生。

【用途】 果较小，含淀粉，果甜可食。木材可作建筑、家具等用材。

锥属 Castanopsis

15. 钩锥（大叶锥）*Castanopsis tibetana* Hance

【形态特征】　乔木，高达 30 米，胸径达 1.5 米，树皮灰褐色，粗糙，小枝干后黑或黑褐色，枝、叶均无毛。新生嫩叶暗紫褐色，成长叶革质，卵状椭圆形、卵形、长椭圆形或倒卵状椭圆形，长 15～30 厘米，宽 5～10 厘米，顶部渐尖、短突尖或尾状，基部近于圆或短楔尖，叶缘至少在近顶部有锯齿状锐齿，侧脉直达齿端，中脉在叶面凹陷，侧脉每边 15～18 条，网状脉明显；叶柄长 1.5～3 厘米。雄穗状花序或圆锥花序，花序轴无毛；雌花序长 5～25 厘米，花柱 3 枚，长约 1 毫米，果序轴横切面径 4～6 毫米；壳斗有坚果 1 个，圆球形，连刺径 60～80 毫米或稍大，壳壁厚 3～4 毫米，刺长 15～25 毫米，通常在基部合生成刺束，将壳壁完全遮蔽，刺儿无毛或被稀疏微柔毛；坚果扁圆锥形，高 1.5～1.8 厘米，横径 2～2.8 厘米，被毛，果脐占坚果面积约 1/4。花期 4—5 月，果次年 8—10 月成熟。

【分布】　福建全省常见。产浙江、安徽二省南部、湖北西南部、江西、湖南、广东、广西、贵州、云南东南部。生于海拔 1 500 米以下山地杂木林中较湿润地方或平地路旁或寺庙周围，有时成小片纯林。

【用途】　坚果可食。边材心材材质坚重，可作为建筑、车船、枕木等用材。

（苏享修　摄）

16. 米槠 *Castanopsis carlesii* (Hemsl.) Hay.

【形态特征】　　乔木，高达20米，胸径80厘米。叶披针形，顶部渐尖或渐狭长尖，基部有时一侧稍偏斜，叶全缘，或兼有少数浅裂齿，鲜叶的中脉在叶面平坦或微凸起，压干后常变凹陷，侧脉每边8～13条，成长叶呈银灰色或多少带灰白色；叶柄长通常不到10毫米。雄圆锥花序近顶生，花序轴无毛或近无毛，雌花的花柱2或3枚，长约1/2毫米；果序轴横切面径2～3毫米，无毛，壳斗近圆球形或阔卵形，长10～15毫米，外壁有疣状体；坚果近圆球形或阔圆锥形，顶端短狭尖，顶部近花柱四周及近基部被疏伏毛，熟透时变无毛，果脐位于坚果底部。花期3—6月，果次年9—11月成熟。

【分布】　　福建全省各地常见，产长江以南各地。见于海拔1 500米以下山地或丘陵常绿或落叶阔叶混交林中。常为主要树种，有时成小片纯林。

【用途】　　坚果味甜可食，是为我省常见造林树种。

（苏享修　摄）

17. 栲（栲树）*Castanopsis fargesii* Franch.

【形态特征】　　乔木，高 10 ～ 30 米，树皮浅纵裂，芽鳞、嫩枝顶部及嫩叶叶柄均被与叶背相同但较早脱落的红锈色细片状蜡鳞，枝、叶均无毛。叶长椭圆形或披针形，稀卵形；叶柄长 1 ～ 2 厘米，嫩叶叶柄长约 5 毫米。雄花穗状或圆锥花序，花单朵密生于花序轴上，雄蕊 10 枚；雌花序轴通常无毛，单朵散生于长有时达 30 厘米的花序轴上，花柱长约 0.5 毫米。果序轴横切面径 1.5 ～ 3 毫米。壳斗通常圆球形或宽卵形，连刺径 25 ～ 30 毫米，稀更大，不规则瓣裂，壳壁厚约 1 毫米，刺长 8 ～ 10 毫米，每壳斗有 1 坚果；坚果圆锥形，高略过于宽，高 1 ～ 1.5 厘米，横径 8 ～ 12 毫米，或近于圆球形，径 8 ～ 14 毫米，无毛，果脐在坚果底部。花期 4—6 月，也有 8—10 月开花时，果次年同期成熟。

【分布】　　福建产南靖、平和、华安、龙岩。长江以南各地，西南至云南东南部，西至四川西部。生于海拔 200 ～ 2 100 米坡地或山脊杂木林中，有时成小片纯林。

【用途】　　果实可食，木材材质坚重。耐水湿，可作为工业用材及家居。

18. 格氏栲（吊皮锥）*Castanopsis kawakamii* Hay.

【形态特征】 乔木，高 15～28 米，胸径 30～80 厘米，树皮纵向带浅裂，散生颜色苍暗的皮孔，枝、叶均无毛。嫩叶与新生小枝近于同色，成长叶革质，卵形或披针形；叶柄长 1～2.5 厘米。雄花序多为圆锥花序，花序轴被疏短毛，雄蕊 10～12 枚；雌花序无毛，长 5～10 厘米，花柱 3 或 2 枚，长不及 1 毫米。果序短，壳斗有坚果 1 个，圆球形，连刺横径 60～80 毫米，刺长 20～30 毫米，合生至中部或中部稍下成放射状多分枝的刺束，将壳壁完全遮蔽，成熟时 4、很少 5 瓣开裂，刺被稀疏短毛或几无毛，壳斗内壁密被灰黄色长绒毛；坚果扁圆形，高 12～15 毫米，横径 17～20 毫米，密被黄棕色伏毛，果脐占坚果面积的 1/3 或很少约近一半。花期 3—4 月，果次年 8—10 月成熟。

【分布】 福建产全省各地。分布于台湾、福建、江西、广东、广西、贵州、四川、湖北、湖南、浙江、江苏等省区。生于海拔约 1 000 米以下山地疏或密林中，有时成小片纯林，常为常绿阔叶林的上层树种，老年大树有板根。

【用途】 果味甜可食，木材有弹性，密致，纹理粗扩，自然干燥不收缩，少爆裂，易加工，是优质的家具及建筑材，是重要用材树种。

（陈新艳 摄） （陈新艳 摄）

19. 苦槠 *Castanopsis sclerophylla* (Lindley & Paxton) Schottky

【形态特征】　　乔木，高 5 ～ 10 米，稀达 15 米，树皮浅纵裂，片状剥落，小枝灰色，散生皮孔，当年生枝红褐色，无毛。叶二列，叶片革质，顶部渐尖或骤狭急尖，短尾状，基部近于圆或宽楔形，通常一侧略短且偏斜，叶缘在中部以上有锯齿状锐齿，很少兼有全缘叶。花序轴无毛，雄穗状花序通常单穗腋生，雄蕊 12 ～ 10 枚；雌花序长达 15 厘米。果序长 8 ～ 15 厘米，壳斗有坚果 1 个，偶有 2 ～ 3，圆球形或半圆球形，全包或包着坚果的大部分，径 12 ～ 15 毫米，壳壁厚 1 毫米以内；坚果近圆球形，径 10 ～ 14 毫米，顶部短尖，被短伏毛，果脐位于坚果的底部，宽 7 ～ 9 毫米，子叶平凸，有涩味。花期 4—5 月，果当年 10—11 月成熟。

【分布】　　福建产永泰、永安、三明、沙县、南平、建瓯、浦城、宁德。分布于长江以南各省区（台湾、广东海南岛、云南除外）为栲属分布最北的一个种。生于海拔 1 000 米以下的低山丘陵。

【用途】　　坚果味苦，用水浸提后常制成苦槠豆腐食用，也有用于制作苦槠粉皮、苦槠粉丝、苦槠糕等当地特色美食。用材坚韧，耐水湿，不易开裂，可作建筑、枕木、造船、车辆、运动器械、农具等用材。

20. 甜槠 *Castanopsis eyrei* (Champion ex Bentham) Tutcher

【形态特征】 乔木，高达 20 米，大树的树皮纵深裂，厚达 1 厘米，块状剥落，小枝有皮孔甚多，枝、叶均无毛。叶革质，卵形，披针形或长椭圆形，顶部长渐尖，常向一侧弯斜，基部一侧较短或甚偏斜，全缘或在顶部有少数浅裂齿。雄花序穗状或圆锥花序；雌花的花柱 2 或 3 枚。果序轴横切面径 2 ～ 5 毫米；壳斗有 1 坚果，阔卵形，顶狭尖或钝，连刺径长 20 ～ 30 毫米，2 ～ 4 瓣开裂，壳斗顶部的刺密集而较短，刺及壳壁被灰白色或灰黄色微柔毛，若壳斗近圆球形，则刺较疏少，近轴面无刺；坚果阔圆锥形，顶部锥尖，无毛，果脐位于坚果的底部。花期 4—6 月，果次年 9—11 月成熟。

【分布】 福建全省各地常见（南部较少）。分布于长江以南各省区，但海南、云南不产。多生于海拔 200 ～ 1 500 米较干燥的林中。

【用途】 坚果味甜可食。材质较坚硬，不易变形，可作桥梁、车轴、水工建筑、码头桩柱、家具等用材。

青冈属 Cyclobalanopsis

21. 青冈 *Cyclobalanopsis glauca* (Thunberg) Oersted

【形态特征】　　常绿乔木，高达 20 米，胸径可达 1 米。小枝无毛。叶片革质，倒卵状椭圆形或长椭圆形，长 6 ～ 13 厘米，宽 2 ～ 5.5 厘米，顶端渐尖或短尾状，基部圆形或宽楔形，叶缘中部以上有疏锯齿，侧脉每边 9 ～ 13 条，叶背支脉明显，叶面无毛，叶背有整齐平伏白色单毛，老时渐脱落，常有白色鳞秕；叶柄长 1 ～ 3 厘米。雄花序长 5 ～ 6 厘米，花序轴被苍色绒毛。果序长 1.5 ～ 3 厘米，着生果 2 ～ 3 个。壳斗碗形，包着坚果 1/3 ～ 1/2，直径 0.9 ～ 1.4 厘米，高 0.6 ～ 0.8 厘米，被薄毛。坚果卵形、长卵形或椭圆形，直径 0.9 ～ 1.4 厘米，高 1 ～ 1.6 厘米，无毛或被薄毛，果脐平坦或微凸起。花期 4—5 月，果期 10 月。

【分布】　　福建产全省各地。广布于长江以南各省区。生于海拔 100 ～ 1 200 米的山地。

【用途】　　种子含淀粉 60% ～ 70%，加工后脱涩后可食用，也可酿酒、用作饲料等；树皮含鞣质 16%，壳斗含鞣质 10% ～ 15%，可制栲胶。木材坚韧，可供桩柱、车船、工具柄等用材。

22. 小叶青冈 *Cyclobalanopsis myrsinifolia* (Blume) Oersted

【形态特征】　　常绿乔木，高20米，胸径达1米。小枝无毛，被凸起淡褐色长圆形皮孔。叶卵状披针形或椭圆状披针形，长6～11厘米，宽1.8～4厘米，顶端长渐尖或短尾状，基部楔形或近圆形，叶缘中部以上有细锯齿，侧脉每边9～14条；叶柄长1～2.5厘米，无毛。雄花序长4～6厘米；雌花序长1.5～3厘米。壳斗杯形，包着坚果1/3～1/2，直径1～1.8厘米，高5～8毫米，壁薄而脆，内壁无毛，外壁被灰白色细柔毛。坚果卵形或椭圆形，直径1～1.5厘米，高1.4～2.5厘米，无毛，顶端圆，柱座明显，有5～6条环纹；果脐平坦，直径约6毫米。花期6月，果期10月。

【分布】　　福建产永泰、沙县、大田、将乐、浦城、松溪。多生于海拔500米以上的林中。分布于广东、广西、贵州、四川、湖南、湖北、江西、浙江、安徽、陕西、甘肃等省区。生于海拔200～2 500米的山谷、阴坡杂木林中。

【用途】　　坚果可榨油，供食用及工业用。材质坚重，耐腐、耐磨，为纺织工业之良材，也可作建筑、桥梁、枕木、电杆、造船、车辆、船槽等用材。

（陈彬　摄）

水青冈属 Fagus

23. 水青冈 *Fagus longipetiolata* Seemen

【形态特征】 高达 25 米的乔木，冬芽长达 20 毫米，小枝的皮孔狭长圆形或兼有近圆形。叶长 9 ～ 15 厘米，宽 4 ～ 6 厘米，稀较小，顶部短尖至短渐尖，基部宽楔形或近于圆，有时一侧较短且偏斜，叶缘波浪状，有短的尖齿，侧脉每边 9 ～ 15 条，直达齿端，开花期的叶沿叶背中、侧脉被长伏毛，其余被微柔毛，结果时因毛脱落变无毛或几无毛；叶柄长 1 ～ 3.5 厘米。总梗长 1 ～ 10 厘米；壳斗 4 瓣裂，裂瓣长 20 ～ 35 毫米，稍增厚的木质；小苞片线状，向上弯钩，位于壳斗顶部的长达 7 毫米，下部的较短，与壳壁相同均被灰棕色微柔毛，壳壁的毛较长且密，通常有坚果 2 个；坚果比壳斗裂瓣稍短或等长，脊棱顶部有狭而略伸延的薄翅。花期 4—5 月，果期 9—10 月。

【分布】 福建省产福安、柘荣、武夷山、建阳、南平、沙县、连城。分布于长江以南各省区。生于海拔 300 ～ 2 400 米山地杂木林中，多见于向阳坡地，与常绿或落叶树混生，常为上层树种。

【用途】 坚果可榨油，供食用及工业用。木材可作建筑、家具等用材。

（陈新艳 摄）

栎属 Quercus

24. 白栎 *Quercus fabric* Hance

【形态特征】 落叶乔木或灌木状，高达 20 米，树皮灰褐色，深纵裂。小枝密生灰色至灰褐色绒毛；冬芽卵状圆锥形，芽长 4～6 毫米，芽鳞多数，被疏毛。叶片倒卵形、椭圆状倒卵形，长 7～15 厘米，宽 3～8 厘米，顶端钝或短渐尖，基部楔形或窄圆形，叶缘具波状锯齿或粗钝锯齿，幼时两面被灰黄色星状毛，侧脉每边 8～12 条，叶背支脉明显；叶柄长 3～5 毫米，被棕黄色绒毛。雄花序长 6～9 厘米，花序轴被绒毛，雌花序长 1～4 厘米，生 2～4 朵花，壳斗杯形，包着坚果约 1/3，直径 0.8～1.1 厘米，高 4～8 毫米；小苞片卵状披针形，排列紧密，在口缘处稍伸出。坚果长椭圆形或卵状长椭圆形，直径 0.7～1.2 厘米，高 1.7～2 厘米，无毛，果脐突起。花期 4 月，果期 10 月。

【分布】 福建产福州、宁化、建宁、建瓯。分布于长江以南各省区。生于海拔400～1 000 米的山地疏林或灌丛中。

【用途】 栎实富含淀粉，民间常用于制作面条食用。木材为环孔材，边材浅褐色，心材深褐色，可作建筑、家具等用材。

25. 栓皮栎 *Quercus variabilis* Blume

【形态特征】 落叶乔木，高达30米，胸径达1米以上，树皮黑褐色，深纵裂，木栓层发达。小枝灰棕色，无毛；芽圆锥形，芽鳞褐色，具缘毛。叶片卵状披针形或长椭圆形，长8～15厘米，宽2～6厘米，顶端渐尖，基部圆形或宽楔形，叶缘具刺芒状锯齿，叶背密被灰白色星状绒毛，侧脉每边13～18条，直达齿端；叶柄长1～3厘米，无毛。雄花序长达14厘米，花序轴密被褐色绒毛，花被4～6裂，雄蕊10枚或较多；雌花序生于新枝上端叶腋，花柱30，壳斗杯形，包着坚果2/3，连小苞片直径2.5～4厘米，高约1.5厘米；小苞片钻形，反曲，被短毛。坚果近球形或宽卵形，高、径约1.5厘米，顶端圆，果脐突起。花期3—4月，果期翌年9—10月。

【分布】 福建产永春、德化、福州、闽清、南平、武夷山。分布于广东、广西、四川、贵州、云南、江西、台湾、河南等省区。越南北部、朝鲜、日本也有。生于海拔600～1500米的向阳山地。

【用途】 坚果含淀粉，可酿酒或作饲料；壳斗可提取栲胶。栓皮为不良导电体，质轻软，有弹性，供制绝缘器、软木塞、隔音板、救生圈等原料。边材淡黄褐色，材质坚重，可作建筑、枕木、车船、家具等用材。

（陈彬 摄）

26. 尖叶栎 *Quercus oxyphylla* (Wils.) Hand.-Mazz.

【形态特征】 常绿乔木，高达 20 米，树皮黑褐色，纵裂。小枝密被苍黄色星状绒毛，常有细纵棱。叶片卵状披针形、长圆形或长椭圆形，长 5～12 厘米，宽 2～6 厘米，顶端渐尖或短渐尖，基部圆形或浅心形，叶缘上部有浅锯齿或全缘，幼叶两面被星状绒毛，老时仅叶背被毛，侧脉每边 6～12 条；叶柄长 0.5～1.5 厘米，密被苍黄色星状毛。壳斗杯形，包着坚果约 1/2；小苞片线状披针形，长约 5 毫米，先端反曲，被苍黄色绒毛。坚果长椭圆形或卵形，直径 1～1.4 厘米，花期 5—6 月，果期翌年 9—10 月。

【分布】 福建产武夷山、泰宁等地。分布于产陕西、甘肃、安徽、浙江、福建等省区，南至广西，西南至四川、贵州。生于海拔 200～2 900 米的山坡、山谷地带及山顶阳处或疏林中。

【用途】 坚果富含淀粉，加工后脱涩后可食用，也可酿酒、用作饲料等。

（苏享修 摄）

27. 乌冈栎 *Quercus phillyraeoides* A. Gray

【**形态特征**】 常绿灌木或小乔木，高达 10 米。小枝纤细，灰褐色，幼时有短绒毛，后渐无毛。叶片革质，倒卵形或窄椭圆形，长 2～6 或（2～8）厘米，宽 1.5～3厘米，顶端钝尖或短渐尖，基部圆形或近心形，。雄花序长 2.5～4 厘米，纤细，花序轴被黄褐色绒毛；雌花序长 1～4 厘米，花柱长 1.5 毫米，柱头 2～5 裂。壳斗杯形，包着坚果 1/2～2/3，直径 1～1.2 厘米，高 6～8 毫米；小苞片三角形，长约 1 毫米，覆瓦状排列紧密，除顶端外被灰白色柔毛，果长椭圆形，高 1.5～1.8 厘米，径约 8 毫米，果脐平坦或微突起，直径 3～4 毫米。花期 3—4 月，果期 9—10 月。

【**分布**】 福建产武夷山、泰宁等地。分布于陕西、浙江、江西、安徽、河南、湖北、湖南、广东、广西、四川、贵州、云南等省区。生于海拔 300～1 200 米的山坡、山顶和山谷密林中，常生于山地岩石上。

【**用途**】 坚果富含淀粉，加工后脱涩后可食用，也可酿酒和作饲料。木材坚硬，耐腐，为家具、农具、细木工用材。

（苏享修 摄）

榆 科 Ulmaceae

榆 属 Ulmus

28. 榆树 *Ulmus pumila* L.

【形态特征】 落叶乔木，高达 25 米，胸径 1 米，在干瘠之地长成灌木状；幼树树皮平滑，灰褐色或浅灰色，大树之皮暗灰色，不规则深纵裂，粗糙；冬芽近球形或卵圆形，芽鳞背面无毛，内层芽鳞的边缘具白色长柔毛。叶椭圆状卵形、长卵形、椭圆状披针形或卵状披针形，长 2～8 厘米，宽 1.2～3.5 厘米，先端渐尖或长渐尖，基部偏斜或近对称，一侧楔形至圆，另一侧圆至半心脏形，叶面平滑无毛，叶背幼时有短柔毛，后变无毛或部分脉腋有簇生毛，边缘具重锯齿或单锯齿。花先叶开放，在去年生枝的叶腋成簇生状。翅果近圆形，稀倒卵状圆形，长 1.2～2 厘米，成熟前后其色与果翅相同，初淡绿色，后白黄色，宿存花被无毛，裂片边缘有毛，果梗较花被为短，长 1～2 毫米，被（或稀无）短柔毛。花果期 4—6 月。

【分布】 福建福州、厦门等地有栽培。分布几遍全国。生于海拔 1 000～2 500 米以下之山坡、山谷、川地、丘陵及沙岗等处。长江下游各省有栽培。

【用途】 翅果可食用，能安神、利小便。幼嫩翅果与面粉混拌可蒸食，老果含油 25%，可供医药和轻、化工业用；叶可作饲料。树皮内含淀粉及粘性物，磨成粉称榆皮面。枝皮纤维坚韧，可代麻制绳索、麻袋或作人造棉与造纸原料。

木兰科 Magnoliaceae

八角属 Illicium

29. * 八角 *Illicium verum* Hook. f.

【形态特征】　乔木，高 10～15 米；树冠塔形，椭圆形或圆锥形；树皮深灰色；枝密集。叶不整齐互生，在顶端 3～6 片近轮生或松散簇生，革质，厚革质，倒卵状椭圆形，倒披针形或椭圆形。花粉红至深红色，单生叶腋或近顶生，花梗长 15～40 毫米；花被片 7～12 片，常 10～11 片，常具不明显的半透明腺点，最大的花被片宽椭圆形到宽卵圆形，长 9～12 毫米，宽 8～12 毫米；雄蕊 11～20 枚，多为 13～14 枚，长 1.8～3.5 毫米，花丝长 0.5～1.6 毫米药隔截形，药室稍为突起；心皮通常 8，有时 7 或 9，很少 11，花柱钻形，长度比子房长。果梗长 20～56 毫米，聚合果，直径 3.5～4 厘米，饱满平直，蓇葖多为 8，呈八角形，先端钝或钝尖。正糙果 3—5 月开花，9—10 月果熟，春糙果 8—10 月开花，翌年 3—4 月果熟。

【分布】　福建省诏安、云霄、漳浦等南部地区有少量栽培，逸为野生。主要分布于广东南部，广西西部和南部、云南东南部和南部。生于海拔 200～700 米，而天然分布海拔可到 1 600 米。

【用途】　果可供作调味香料用；枝、叶、果又可蒸馏八角油。

番荔枝科 Annonaceae

瓜馥木属 Fissistigma

30. 香港瓜馥木 *Fissistigma uonicum*

【形态特征】 攀援灌木。除果实和叶背被稀疏柔毛外无毛。叶纸质，长圆形，长4～20厘米，宽1～5厘米，顶端急尖，基部圆形或宽楔形，叶背淡黄色，干后呈红黄色；侧脉在叶面稍凸起，在叶背凸起。花黄色，有香气，1～2朵聚生于叶腋；花梗长约2厘米；萼片卵圆形；外轮花瓣比内轮花瓣长，无毛，卵状三角形，长2.4厘米，宽1.4厘米，厚，顶端钝，内轮花瓣狭长，长1.4厘米，宽6毫米；药隔三角形。果较圆，直径约4厘米，成熟时黑色，被短柔毛。花期3—6月，果期6—12月。

【分布】 福建产南靖、三明等地。产于广西、广东、湖南和福建等省区。生于丘陵山地林中。

【用途】 果味甜，可食。

31. 白叶瓜馥木 *Fissistigma glaucescens* (Hance) Merrill

【形态特征】　攀援灌木，长达 3 米；枝条无毛。叶近革质，长圆形或长圆状椭圆形，有时倒卵状长圆形，长 3 ～ 19.5 厘米，宽 1.2 ～ 5.5 厘米，顶端通常圆形，少数微凹，基部圆形或钝形，两面无毛，叶背白绿色；侧脉每边 10 ～ 15 条，在叶面稍凸起，下面凸起；叶柄长约 1 厘米。花数朵集成聚伞式的总状花序，花序顶生，长达 6 厘米，被黄色绒毛；萼片阔三角形，长约 2 毫米；外轮花瓣阔卵圆形，长约 6 毫米，被黄色柔毛，内轮花瓣卵状长圆形，长约 5 毫米，外面被白色柔毛；药隔三角形；心皮约 15 个，被褐色柔毛，花柱圆柱状，柱头顶端 2 裂，每心皮有胚珠 2 颗。果圆球状，直径约 8 毫米，无毛。花期 1—9 月，果期几乎全年。

【分布】　福建产于南靖、平和、三明、南平。分布于广西、广东、福建和台湾等省区。生于山地林中，为常见的植物。

【用途】　果可食。根可供药用，活血除湿，可治风湿和痨伤。茎皮纤维坚韧，民间有作绳索和点火绳用。

32. 瓜馥木 *Fissistigma oldhamii* (Hemsley) Merrill

【形态特征】 攀援灌木，长约 8 米；小枝被黄褐色柔毛。叶革质，倒卵状椭圆形或长圆形，长 6 ～ 12.5 厘米，宽 2 ～ 5 厘米，顶端圆形或微凹，有时急尖，基部阔楔形或圆形。花长约 1.5 厘米，直径 1 ～ 1.7 厘米，1 ～ 3 朵集成密伞花序；总花梗长约 2.5 厘米；萼片阔三角形，长约 3 毫米，顶端急尖；外轮花瓣卵状长圆形，长 2.1 厘米，宽 1.2 厘米，内轮花瓣长 2 厘米，宽 6 毫米；雄蕊长圆形，长约 2 毫米，药隔稍偏斜三角形；心皮被长绢质柔毛，花柱稍弯，无毛，柱头顶端 2 裂，每心皮有胚珠约 10 颗，2 排。果圆球状，直径约 1.8 厘米，密被黄棕色绒毛；种子圆形，直径约 8 毫米；果柄长不及 2.5 厘米。花期 4—9 月，果期 7 月至翌年 2 月。

【分布】 福建省各地常见。分布于浙江、江西、福建，台湾、湖南、广东、广西、云南等省区。越南也有。生于低海拔山谷水旁灌木丛中。

【用途】 果成熟时味甜，去皮可吃。茎皮纤维可编麻绳、麻袋和造纸；花可提制瓜馥木花油或浸膏，用于调制化妆品、皂用香精的原料；种子油供工业用油和调制化妆品；根可药用，治跌打损伤和关节炎。

（刘兴剑 摄）

五味子科 Schisandraceae

南五味子属 Kadsura

33. 黑老虎 *Kadsura coccinea* (Lem.) A. C. Smith

【形态特征】　　藤本，全株无毛。叶革质，长圆形至卵状披针形，长7～18厘米，宽3～8厘米，先端钝或短渐尖，基部宽楔形或近圆形，全缘，侧脉每边6～7条，网脉不明显；叶柄长1～2.5厘米。花单生于叶腋，稀成对，雄花：花被片红色，10～16片，中轮最大1片椭圆形，长2～2.5厘米，宽约14毫米，最内轮3片明显增厚，肉质；花托长圆锥形，长7～10毫米，顶端具1～20条分枝的钻状附属体；雄蕊群椭圆体形或近球形，径6～7毫米，具雄蕊14～48枚；花丝顶端为两药室包围着；花梗长1～4厘米。雌花：花被片与雄花相似，花柱短钻状，顶端无盾状柱头冠，心皮长圆体形，50～80枚，花梗长5～10毫米。聚合果近球形，绿色、黄色、红色或暗紫色，大；种子心形或卵状心形，长1～1.5厘米，宽0.8～1厘米。花期4—7月，果期7—11月。

【分布】　　福建龙岩、三明等地山区常见，产于江西、湖南、广东及香港、海南、广西、四川、贵州、云南等省区。生于海拔300～1 500米的山林中。越南也有分布。

【用途】　　果成熟后味甜，可食。根药用，能行气活血，消肿止痛，治胃病，风湿骨痛，跌打瘀痛，并为妇科常用药。

34. 南五味子 *Kadsura longipedunculata* Finet & Gagnepain

【形态特征】　藤本，各部无毛。叶长圆状披针形、倒卵状披针形或卵状长圆形，长 5～13 厘米，宽 2～6 厘米，先端渐尖或尖。花单生于叶腋。雄花：花被片白色或淡黄色；花托椭圆体形，顶端伸长圆柱状，不凸出雄蕊群外；雄蕊群球形，直径 8～9 毫米，具雄蕊 30～70 枚；雄蕊长 1～2 毫米，药隔与花丝连成扁四方形，药隔顶端横长圆形，药室几与雄蕊等长，花丝极短。雌花：花被片与雄花相似，雌蕊群椭圆体形或球形，直径约 10 毫米，具雌蕊 40～60 枚；子房宽卵圆形，花柱具盾状心形的柱头冠。花梗长 3～13 厘米。聚合果球形；小浆果倒卵圆形，长 8～14 毫米，外果皮薄革质，干时显出种子。种子 2～3，稀 4～5，肾形或肾状椭圆体形，长 4～6 毫米，宽 3～5 毫米。花期 6—9 月，果期 9—12 月。

【分布】　福建各地常见。产于江苏、安徽、浙江、江西、福建、湖北、湖南、广东、广西、四川、云南等省区。生于海拔 1 000 米以下的山坡、林中。

【用途】　果甜可食，根、茎、叶、种子均可入药；种子为滋补强壮剂和镇咳药，治神经衰弱、支气管炎等症；茎、叶、果实可提取芳香油；茎皮可作绳索。

五味子属 Schisandra

35. 绿叶五味子 *Schisandra arisanensis* Hayata subsp. *viridis* (A. C. Sm.) R. M. K. Saunders

【形态特征】　　落叶藤本；枝长，近圆柱形，嫩枝紫褐色，老枝灰褐色，均有明显皮孔。叶纸质，卵状椭圆形或卵形，正常中部以下最宽，顶端渐尖，基部宽楔形或近圆形，边缘疏生细锯齿，干时上面绿色或褐色，下面褐色；叶柄长 1.5 ～ 2.5 厘米。聚合果穗状长圆柱形，长 5 ～ 12 厘米，下垂，心皮约 25 枚；小浆果红色，20 ～ 25 个，圆球形，直径 4 ～ 6 毫米；种皮具明显的皱纹或乳头状突起或粗糙。花期 5 月。果期 8—9 月。

【分布】　　福建产建阳、武夷山等地。分布于广东、广西、贵州、江西、浙江、安徽等省区。生于山坡疏林边或灌丛中。

【用途】　　果可供食用，又可入药。

（陈彬　摄）

36. 华中五味子 *Schisandra sphenanthera* Rehder & E. H. Wilson

【形态特征】　　落叶木质藤本，全株无毛。冬芽、芽鳞具长缘毛，先端无硬尖，小枝红褐色，距状短枝或伸长，具颇密而凸起的皮孔。叶纸质，倒卵形、宽倒卵形，或倒卵状长椭圆形，有时圆形，很少椭圆形，长 5 ～ 11 厘米，宽 3 ～ 7 厘米。花生于近基部叶腋，花梗纤细，花被 5 ～ 9 片，橙黄色。雄花：雄蕊群倒卵圆形，径 4 ～ 6 毫米；花托圆柱形；雌花：雌蕊群卵球形，雌蕊 30 ～ 60 枚。聚合果果托长 6 ～ 17 厘米，径约 4 毫米，聚合果梗长 3 ～ 10 厘米，成熟小浆红色，长 8 ～ 12 毫米，宽 6 ～ 9 毫米，具短柄；种子长圆体形或肾形，长约 4 毫米，种脐斜 V 字形；种皮褐色光滑，或仅背面微皱。花期 4—7 月，果期 7—9 月。

【分布】　　福建省屏南、武夷山等地分布，产于山西、陕西、甘肃、山东、江苏、安徽、浙江、江西、福建、河南、湖北、湖南、四川、贵州、云南东北部等省区。生于海拔 600 ～ 3 000 米的湿润山坡边或灌丛中。

【用途】　　果可食，供药用，为五味子代用品；种子榨油可制肥皂或作润滑油。

樟 科 Lauraceae

山胡椒属 Lindera

37. * 山胡椒 Lindera glauca (Sieb. et Zucc.) Bl

【形态特征】　落叶灌木或小乔木，冬季叶干枯在枝上而迟落，高 2～8 米，嫩枝灰白色，初被灰褐色柔毛，后变无毛，混合芽的芽鳞无脊，裸露部分红色。叶互生，纸质或近革质，宽椭圆形，椭圆形，卵形或倒卵形，长 4～9 厘米，宽 2～5 厘米，上面绿色，下面苍绿色，被灰黄色柔毛，羽状脉，侧脉 5～6 对；叶柄长约 2 毫米，被柔毛。伞形花序腋生，总花梗短或不明显，长常不超过 3 毫米，有花 3～8 朵。雄花：花被裂片椭圆形，长约 2.2 毫米，外面在背脊被柔毛；雌花：花被裂片椭圆形，长约 2 毫米，外面在背脊被疏柔毛或仅基部有少数柔毛。果球形，熟时黑褐色，直径约 7 毫米，果梗长 1.5～1.8 厘米，总果梗长 1～2 毫米。花期 3—4 月。果期 7—8 月。

【分布】　福建产全省各地。分布于广东、广西、湖南、四川、台湾、江西、浙江、安徽、江苏、山东、山西、河南、陕西、甘肃等省区。印度支那、朝鲜、日本亦有。生于海拔 900 米左右以下山坡、林缘、路旁。

【用途】　果及叶可提取芳香油，种仁油可制肥皂或作润滑油，根、枝、叶及果可作药用，果治胃痛。叶能温中散寒，祛风消肿；根治劳伤脱力，水湿浮肿，风湿性关节炎、跌打损伤。

木姜子属 Litsea

38. * 山鸡椒 *Litsea cubeba* (Loureiro) Persoon

【形态特征】 落叶灌木或小乔木，高达 8～10 米；幼树树皮黄绿色，光滑，老树树皮灰褐色。小枝细长，绿色，无毛，枝、叶具芳香味。顶芽圆锥形，外面具柔毛。伞形花序单生或簇生，总梗细长，长 6～10 毫米；苞片边缘有睫毛；每一花序有花 4～6 朵，先叶开放或与叶同时开放，花被裂片 6，宽卵形；能育雄蕊 9，花丝中下部有毛，第 3 轮基部的腺体具短柄；退化雌蕊无毛；雌花中退化雄蕊中下部具柔毛；子房卵形，花柱短，柱头头状。果近球形，直径约 5 毫米，无毛，幼时绿色，成熟时黑色，果梗长 2～4 毫米，先端稍增粗。花期 2—3 月，果期 7—8 月。

【分布】 福建省各地常见。产广东、广西、福建、台湾、浙江、江苏、安徽、湖南、湖北、江西、贵州、四川、云南、西藏等省区。生于向阳的山地、灌丛、疏林或林中路旁、水边，海拔 500～3 200 米。

【用途】 幼果做调味食材食用，叶及果可提芳香油，用作调味油。果实入药，名"荜澄茄"，具有温中散寒、理气止痛的功效。叶磨粉可制驱蚊剂。

木通科 Lardizabalaceae

木通属 Akebia

39. 木通 *Akebia quinata* (Houttuyn) Decaisne

【形态特征】　落叶木质藤本。茎纤细，圆柱形，缠绕，茎皮灰褐色，有圆形、小而凸起的皮孔。掌状复叶互生或在短枝上的簇生，通常有小叶 5 片；叶柄纤细；小叶纸质，倒卵形或倒卵状椭圆形，长 2 ～ 5 厘米，宽 1.5 ～ 2.5 厘米，先端圆或凹入，具小凸尖，基部圆或阔楔形。伞房花序式的总状花序腋生；基部为芽鳞片所包托；花略芳香。雄花：花梗纤细；萼片通常 3 有时 4 片或 5 片，淡紫色；花药长圆形，钝头；退化心皮 3 ～ 6 枚，小。雌花：花梗细长，长 2 ～ 4 厘米；萼片暗紫色。果孪生或单生，长圆形或椭圆形，长 5 ～ 8 厘米，直径 3 ～ 4 厘米，成熟时紫色，腹缝开裂；种子多数，卵状长圆形，略扁平，不规则的多行排列，着生于白色、多汁的果肉中，种皮褐色或黑色，有光泽。花期 4—5 月，果期 6—8 月。

【分布】　福建产永春、仙游、闽侯、福州、尤溪、南平、建宁、建瓯、武夷山、福安、霞浦、福鼎、寿宁等地。分布于长江流域各省区。生于海拔 300 ～ 1 500 米的山地灌木丛、林缘和沟谷中。日本和朝鲜有分布。

【用途】　果味甜可食。茎、根和果实药用，利尿、通乳、消炎，治风湿关节炎和腰痛。

40. 三叶木通 *Akebia trifoliata* (Thunberg) Koidzumi

【形态特征】 落叶木质藤本。茎皮灰褐色，有稀疏的皮孔及小疣点。掌状复叶互生或在短枝上的簇生；叶柄直，长 7 ～ 11 厘米；小叶 3 片，纸质或薄革质，卵形至阔卵形，长 4 ～ 7.5 厘米，宽 2 ～ 6 厘米，先端通常钝或略凹入，具小凸尖，基部截平或圆形，边缘具波状齿或浅裂，上面深绿色，下面浅绿色；侧脉每边 5 ～ 6 条，与网脉同在两面略凸起。总状花序自短枝上簇生叶中抽出，下部有 1 ～ 2 朵雌花，以上约有 15 ～ 30 朵雄花，长 6 ～ 16 厘米；总花梗纤细。雄花：花梗丝状，长 2 ～ 5 毫米；萼片 3，淡紫色，阔椭圆形或椭圆形，长 2.5 ～ 3 毫米；雄蕊 6，离生，排列为杯状，花丝极短。果长圆形，成熟时灰白略带淡紫色；种子极多数，扁卵形，长 5 ～ 7 毫米，宽 4 ～ 5 毫米，种皮红褐色或黑褐色，稍有光泽。花期 4—5 月，果期 8—9 月。

【分布】 福建产连城、南平、建阳、泰宁。分布于河北、山西、山东、河南、陕西南部、甘肃东南部至长江流域各省区。生于海拔 250 ～ 2 000 米的山地沟谷边疏林或灌丛中。日本有分布。

【用途】 果也可食及酿酒；种子可榨油。根、茎和果均入药，利尿、通乳，有舒筋活络之效，治风湿关节痛。

41. 白木通 *Akebia trifoliata* subsp. *Australis* (Diels) T. Shimizu

【形态特征】　小叶革质，卵状长圆形或卵形，长 4～7 厘米，宽 1.5～3 厘米，先端狭圆，顶微凹入而具小凸尖，基部圆、阔楔形、截平或心形，边通常全缘；有时略具少数不规则的浅缺刻。总状花序长 7～9 厘米，腋生或生于短枝上。雄花：萼片长 2～3 毫米，紫色；雄蕊 6，离生，长约 2.5 毫米，红色或紫红色，干后褐色或淡褐色。雌花：直径约 2 厘米；萼片长 9～12 毫米，宽 7～10 毫米，暗紫色；心皮 5-7，紫色。果长圆形，熟时黄褐色；种子卵形，黑褐色。花期 4—5 月，果期 6—9 月。

【分布】　福建产南平、建阳、武夷山、泰宁等地。分布于长江流域各省区，向北分布至河南、山西和陕西等省区。生于海拔 300～2 100 米的山坡灌丛或沟谷疏林中。

【用途】　果可食和药用；茎、根用途同三叶木通。

（陈新艳　摄）

（陈新艳　摄）

野木瓜属 Stauntonia

42. 黄蜡果 *Stauntonia brachyanthera* Handel-Mazzetti

【形态特征】　高大木质藤本，全体无毛。一年生小枝绿色，有线纹，直径约3毫米，老枝深橄榄绿色，具纺锤形的皮孔。掌状复叶有小叶5～9片；叶柄长5～11厘米；小叶纸质，匙形，长5～13.5厘米，宽2～5厘米。总状花序长10～27厘米；苞片锥状披针形，长约1厘米；花雌雄同株，同序或异序，白绿色，干时褐色。雄花：萼片稍厚，外轮的卵状披针形，长9～12毫米，先端狭圆，顶兜状，干时卷曲，内轮3片狭线形，较短，内面有乳凸状绒毛；雄蕊花丝合生为管，长约3.5毫米，花药内弯，长约2毫米，顶端具极微小的凸头；退化心皮小。雌花：萼片与雄花相似但更厚，稍呈肉质；心皮长约5毫米，柱头马蹄形。果椭圆状，长5～7.5厘米，宽3～5厘米，果皮熟时黄色，平滑或稍具小疣凸。花期4月，果期8—11月。

【分布】　产福州等地。产于湖南、广西、贵州等省区。生于海拔500～1 200米的山地杂木林中。

【用途】　果可食，味甜，籽多，可食率低。

43. 三叶野木瓜 *Stauntonia brunoniana* Wallich ex Hemsley

【形态特征】　　木质大藤本，全株无毛。小枝光滑；老茎外皮稍粗糙。复叶有羽状3小叶，连叶柄长20～30厘米。总状花序2～5个簇生于叶腋，有花多朵；总花梗短；苞片或小苞片阔卵形；花雌雄异株，白而略带淡绿色。雄花：花梗长约9毫米；花瓣小，卵形至披针形，长约1.5毫米；雄蕊花丝合生为短管状，顶端稍分离，药隔伸出所成之附属体锥尖，比药室长；退化心皮3，丝状，比花丝管稍长。雌花：花梗长1.5～2厘米；萼片长1.2～1.5厘米，外轮的卵状披针形，内轮的线状披针形；心皮卵形，柱头锥尖；花瓣与雄花的相似；退化雄蕊与花瓣近等长，顶端具比药室长的附属体。果倒卵状长圆形，长约3.5厘米，直径约2厘米，外面有小疣状凸起。花期11月。

【分布】　　福建省新分布，发现于南平市政和县，产于云南南部。生于海拔900～1 500米的山地林中。印度东北部、缅甸和越南也有分布。

【用途】　　果可食和药用。

44. 野木瓜 *Stauntonia chinensis* D.C

【形态特征】　　木质藤本。茎绿色，具线纹，老茎皮厚，粗糙，浅灰褐色，纵裂。掌状复叶有小叶 5～7 片；小叶革质，长圆形、椭圆形或长圆状披针形，长 6～9 厘米，宽 2～4 厘米。花雌雄同株，通常 3～4 朵组成伞房花序式的总状花序；总花梗纤细，基部为大型的芽鳞片所包托；花梗长 2～3 厘米。雄花：萼片外面淡黄色或乳白色，内面紫红色，外轮的披针形，内轮的线状披针形；蜜腺状花瓣 6 枚，舌状，顶端稍呈紫红色。雌花：萼片与雄花的相似但稍大，外轮的长可达 22～25 毫米；退化雄蕊长约 1 毫米；心皮卵状棒形，柱头偏斜的头状；蜜腺状花瓣与雄花的相似。果长圆形，长 7～10 厘米，直径 3～5 厘米；种子近三角形，长约 1 厘米，压扁，种皮深褐色至近黑色，有光泽。花期 3—4 月，果期 6—10 月。

【分布】　　福建全省各地较常见。产于广东、广西、香港、湖南、贵州、云南、安徽、浙江、江西、福建等省区。生于海拔 500～1 300 米的山地密林、山腰灌丛或山谷溪边疏林中。

【用途】　　果可生食。全株药用，据报道，对三叉神经痛、坐骨神经痛有较好的疗效。

45. 钝药野木瓜 *Stauntonia leucantha* Diels ex Y. C. Wu

【形态特征】　木质藤本，全体无毛。小枝干时灰褐色，有线纹，直径3～4毫米。掌状复叶有小叶5～7片；叶柄长4～6厘米；小叶近革质，嫩时膜质，长圆状倒卵形、近椭圆形或长圆形，长5～7厘米，宽2～3厘米。花雌雄同株，白色，数朵组成总状花序；花序长3.5～7厘米，2至多个簇生，与叶同自芽鳞片中抽出；雄蕊长5.5～6毫米，花药不等长，花丝长3.5～4毫米，上部稍分离，下部合生为细圆筒状；退化心皮丝状。雌花：萼与雄花的相似；心皮3，卵状圆柱形，长约4毫米，柱头近头状；退化雄蕊鳞片状，直径约0.2毫米。果长圆形，两端略狭，果皮熟时黄色，干后变黑色，平滑或有不明显的小疣点。花期4—5月，果期8—10月。

【分布】　福建省分布于南平、龙岩等地，产于广西、广东、福建、江西、浙江、江苏、安徽、四川、贵州等省区。生于海拔300～940米的山地疏林或密林中、山谷溪边或丘陵林缘。

【用途】　果可生食，味甜。

46. 尾叶那藤 *Stauntonia obovatifoliola* Hayata subsp. *urophylla* (Hand.-Mazz.) H. N. Qin

【形态特征】　木质藤本。茎、枝和叶柄具细线纹。掌状复叶有小叶 5～7 片；叶柄纤细，长 3～8 厘米；小叶革质，倒卵形或阔匙形，基部 1～2 片小叶较小，先端猝然收缩为一狭而弯的长尾尖，尾尖长可达小叶长的 1/4，基部狭圆或阔楔形；与网脉同于两面略凸起或有时在上面凹入。总状花序数个簇生于叶腋，每个花序有 3～5 朵淡黄绿色的花。雄花：花梗长 1～2 厘米，外轮萼片卵状披针形，内轮萼片披针形，无花瓣；雄蕊花丝合生为管状，药室顶端具长约 1 毫米、锥尖的附属体。雌花未见。果长圆形或椭圆形；种子三角形，压扁，基部稍呈心形，种皮深褐色，有光泽。花期 4 月，果期 6—7 月。

【分布】　福建产永安、建瓯等地，多生于山坡路旁或沟谷林缘灌丛中。分布于广东、广西、湖南、江西、浙江等省区。

【用途】　果可食。

猕猴桃科 Actinidiaceae

猕猴桃属 Actinidia

47. 软枣猕猴桃 *Actinidia arguta* (Siebold & Zuccarini) Planchon ex Miquel

【形态特征】 大型落叶藤本；小枝基本无毛，隔年枝灰褐色，洁净无毛或部分表皮呈污灰色皮屑状，皮孔长圆形至短条形；髓白色至淡褐色，片层状。叶膜质或纸质，卵形、长圆形、阔卵形至近圆形，长 6～12 厘米，宽 5～10 厘米。花序腋生或腋外生，淡褐色短绒毛，花序柄长 7～10 毫米。花绿白色或黄绿色，芳香；萼片 4～6 枚；卵圆形至长圆形，长 3.5～5 毫米，边缘较薄，有不甚显著的缘毛；花瓣 4～6 片，楔状倒卵形或瓢状倒阔卵形，长 7～9 毫米；花丝丝状，花药黑色或暗紫色，长圆形箭头状，长 1.5～2 毫米；子房瓶状，长 6～7 毫米，洁净无毛，花柱长 3.5～4 毫米。果圆球形至柱状长圆形，长 2～3 厘米，无毛，无斑点，不具宿存萼片，成熟时绿黄色或紫红色。种子纵径约 2.5 毫米。

【分布】 福建省产于泰宁、武夷山等地；分布于云南、江西、浙江、安徽、山东、河南、河北、山西、辽宁、吉林、黑龙江等省区。朝鲜、日本也有。生于海拔 1 600～2 100 米的山谷杂木或山顶矮林中。

【用途】 果可生食、酿酒或加工成蜜饯、果脯等。果入药，有滋补强壮、解热、收敛的功效。蜜源植物。花可提制香油精，供食品工业用。

48. 异色猕猴桃 *Actinidia callosa* var. *discolor* C. F. Liang

【形态特征】 落叶藤本，小枝干后灰黄色，无毛，通常实心，淡褐色。叶坚纸质，倒卵形或椭圆形，长 5～12 厘米，宽 3～6 厘米，顶端急尖至短渐尖，基部形、阔形或钝，偏斜，边缘锯齿在中下部的渐粗大，干后上面黑褐色，下面灰黄色，两面无毛；叶柄长 2～4 厘米，无毛。聚伞花序腋生，通常单花，白色；总花梗无毛，倒卵状长圆形；雄蕊多数，花药黄色；子房过球形，密被灰白色绒毛。浆果椭圆形至倒卵状椭圆形，成熟时无毛，绿褐色，有显著的灰褐色斑点，基部具反折的宿存萼片。花期 5—6 月。果期 7—9 月。

【分布】 本变种常见于福建各地，分布于广东、广西、湖南、云南、贵州、四川、台湾、江西、浙江、安徽等省区。生于海拔 350～1 300 米的山谷林缘、山坡路旁及灌丛中。

【用途】 果酸甜可食。

49. 中华猕猴桃 *Actinidia chinensis* **Planchon**

【形态特征】　　　大型落叶藤本；幼一枝被有灰白色茸毛或褐色长硬毛或铁锈色硬毛状刺毛，老时秃净或留有断损残毛；髓白色至淡褐色，片层状。叶纸质，倒卵形或阔卵形至近圆形，长6～17厘米，宽7～15厘米，顶端截平形并中间凹入或具突尖、急尖至短渐尖，基部钝圆形、截平形至浅心形，边缘具睫状小齿，腹面深绿色，背面苍绿色，密被灰白色或淡褐色星状绒毛；叶柄被灰白色茸毛或黄褐色长硬毛或铁锈色硬毛状刺毛。花初放时白色，放后变淡黄色，有香气。果黄褐色，近球形、圆柱形、倒卵形或椭圆形，长4～6厘米，被茸毛、长硬毛或刺毛状长硬毛。

【分布】　　　福建产于将乐、泰宁、建宁、屏南、政和、松溪、建瓯、建阳、武夷山、浦城、光泽等地。分布于广东（北部）和广西（北部）、陕西（南端）、湖北、湖南、河南、安徽、江苏、浙江、江西等省区。生于海拔500～1400米的山谷林缘或山坡灌丛中。

【用途】　　　果实富含糖类和维生素，可生食，制果酱、果脯等；根、藤和叶药用，可清热利水、散瘀止血。

50. 毛花猕猴桃 *Actinidia eriantha* Bentham

【形态特征】　大型落叶藤本；小枝、叶柄、花序和萼片密被乳白色或淡黄色直展的茸毛或交织压紧的绵毛；小枝往往在当年一再分枝，大枝可达 40 毫米以上；隔年枝大多或厚或薄地残存皮屑状的毛被，皮孔大小不等，茎皮常从皮孔的两端向两方裂开；髓白色，片层状。叶软纸质，卵形至阔卵形，长 8～16 厘米，宽 6～11 厘米，顶端短尖至短渐尖，基部圆形、截形或浅心形，边缘具硬尖小齿，腹面草绿色，幼嫩时散被糙伏毛，成熟后很快秃净，仅余中脉和侧脉上有少数糙毛。聚伞花序简单；苞片钻形；花直径 2～3 厘米。果柱状卵珠形，宿存萼片反折，果柄长达 15 毫米；种子纵径 2 毫米。花期 5 月上旬至 6 月上旬，果熟期 11 月。

【分布】　福建全省各地常见。分布于浙江、江西、湖南、贵州、广西、广东等省区。生于海拔 150～1 700 米的山岩林缘、溪边、山坡路旁或疏林灌丛中。

【用途】　果可生食。根、叶药用，有清热利湿、消肿解毒的功效；栽培中常作中华猕猴桃的砧木。

51. 长叶猕猴桃 *Actinidia hemsleyana* Dunn

【形态特征】　大型落叶藤本；着花小枝长 51 ～ 15 厘米，直径 3 ～ 4 毫米，薄被稀疏红褐色长硬毛，皮孔不很显著；隔年枝直径一般 4 毫米左右，壮健枝可粗达 10 毫米；髓茶褐色，片层状。叶纸质，顶端短尖至钝形，基部楔形至圆形，边缘一般具小锯齿，有的锯齿更不显著而近于全缘，腹面绿色，无毛，背面淡绿色、苍绿色至粉绿色，侧脉 8 ～ 9 对，大小叶脉不甚显著至较显著；伞形花序；苞片钻形；花淡红色；萼片 5 片，卵形，密被黄褐色绒毛；花瓣无毛，倒卵形，长约 10 毫米。果卵状圆柱形长约 3 厘米，径约 1.8 厘米，幼时密被金黄色长茸毛，老时毛变黄褐色，并逐渐脱落；果皮上有无数的疣状斑点。花期 5 月上旬至 6 月上旬，果期 10 月。

【分布】　福建产于仙游、连城、永安、沙县、泰宁、建宁、罗源、古田、屏南、政和、松溪、建瓯、建阳、邵武、武夷山、浦城等地；分布于江西、浙江等省区。生于海拔 500 ～ 1 500 米的山地林缘或山坡灌丛中。

【用途】　本种果实较大，果甜可食。

52. 小叶猕猴桃 *Actinidia lanceolata* Dunn

【形态特征】　小型落叶藤本；着花小枝一般长10～15厘米，密被锈褐色短茸毛，皮孔可见；隔年枝灰褐色，秃净无毛，皮孔小，不很显著；髓褐色，片层状。叶纸质，长4～7厘米，宽2～3厘米，顶端短尖至渐尖，基部钝形至楔尖，边缘的上半部有小锯齿，腹面绿色，苞片钻形，长1～1.5毫米；花淡绿色；萼片3～4片，卵形或长圆形；花瓣5片，条状长圆形或瓢状倒卵形，花药长圆形，子房球形或卵形，径约1.5毫米，密被茸毛。果小，绿色，卵形，长8～10毫米，秃净，有显著的浅褐色斑点，宿存萼片反折，种子纵径1.5～1.8毫米。花期5月中至6月中。果熟期11月。

【分布】　福建产于永安、三明、沙县、尤溪、泰宁、建宁、罗源、古田、屏南、南平、建瓯、建阳、松溪、武夷山、浦城等地；分布于广东、湖南、江西、浙江等省区。生于海拔200～600米山谷林缘、河边、路旁及山坡灌丛中。

【用途】　果酸甜，可生食或酿酒。

（陈新艳　摄）

（陈新艳　摄）

53. 黑蕊猕猴桃 *Actinidia melanandra* Franch.

【形态特征】　中型落叶藤本；小枝洁净无毛，直径 2.5 毫米左右，有皮孔，肉眼难见，髓褐色或淡褐色，片层状。叶纸质，椭圆形、长方椭圆形或狭椭圆形，长 5 ～ 11 厘米，宽 2.5 ～ 5 厘米，顶端急尖至短渐尖，基部圆形或阔楔形。聚伞花序不均地薄被小茸毛，1 ～ 2 回分枝，有花 1-7 朵；花序柄长 10 ～ 12 毫米，花柄长 7 ～ 15 毫米；苞片小，钻形，长约 1 毫米；花绿白色，径约 15 毫米；萼片 5 片，有时 4 片，卵形至长方卵形，长 3 ～ 6 毫米，除边缘有流苏状缘毛外，他处均无毛；花瓣 5 片，有时 4 片或 6 片，匙状倒卵形，长 6 ～ 13 毫米。果瓶状卵珠形，长约 3 厘米，无毛，无斑点，顶端有喙，基部萼片早落。种子小，长约 2 毫米。花期 5—6 月上旬。

【分布】　福建产于建宁、建阳和武夷山等地；分布于湖北、贵州、四川、江西、浙江、陕西和甘肃等省区。生于海拔 1 500 米左右的山坡路旁及山谷杂木林中。

【用途】　果酸甜，可生食或酿酒。

54. 清风藤猕猴桃 *Actinidia sabiifolia* Dunn

【形态特征】　　小型落叶藤本；枝条干后灰褐色，着花小枝长 3 ～ 9 厘米，洁净无毛，皮孔显著；隔年枝直径 3 ～ 5 毫米，皮孔显著，凸起，易开裂，髓褐色，片层状。叶薄，纸质，一般卵形，长 4 ～ 8 厘米，宽 3 ～ 4 厘米，顶端圆形至钝而微凹，或短尖至渐尖（营养枝），基部圆形或钝形，两侧对称或稍不对称，边缘有不显著的圆锯齿；上面深绿色，背面灰绿色，两面洁净无毛，叶脉不发达，甚细；叶柄水红色，无毛，长约 2 厘米。花序 1 ～ 3 花，洁净无毛；花白色，直径约 8 毫米；萼片 5 枚；花瓣 5 枚，倒卵形，长 5 ～ 6 毫米；花丝线形；子房球形，被红褐色茸毛。果成熟时暗绿色，秃净，具细小斑点，卵珠状，长 15 ～ 18 毫米，直径 10 ～ 12 毫米；果通常单生，果柄水红色，长 8 ～ 10 毫米；种子长约 2.5 毫米。花期 5 月。

【分布】　　福建产于南平、建阳、武夷山和光泽等地；分布于江西、湖南、安徽等省区。生于 700 ～ 1 350 米的山地杂木林中或山麓或疏林路旁。

【用途】　　果酸甜，可生食或酿酒。

（陈新艳　摄）

（陈新艳　摄）

55. 葛枣猕猴桃 *Actinidia polygama* (Siebold & Zuccarini) Maximowicz

【形态特征】 大型落叶藤本；着花小枝细长，一般20厘米以上，直径约2.5毫米，基本无毛，最多幼枝顶部略被微柔毛，皮孔不很显著；髓白色，实心。叶膜质（花期）至薄纸质，卵形或椭圆卵形，顶端急渐尖至渐尖，基部圆形或阔楔形，边缘有细锯齿，腹面绿色，散生少数小刺毛，有时前端部变为白色或淡黄色，背面浅绿色，沿中脉和侧脉多少有一些卷曲的微柔毛，有时中脉上着生少数小刺毛，叶脉比较发达，在背面呈圆线形，侧脉约7对，其上段常分叉，横脉颇显著，网状小脉不明显；叶柄近无毛，长1.5～3.5厘米。花白色，芳香，直径2～2.5厘米；萼片5片，卵形至长方卵形；花瓣5片，倒卵形至长方倒卵形，花药黄色。果成熟时淡橘色，卵珠形或柱状卵珠形，长2.5～3厘米，无毛，无斑点，顶端有喙，基部有宿存萼片。种子长1.5～2毫米。花期6月中至7月上旬，果熟期9—10月。

【分布】 福建产于浦城等地；分布于黑龙江、吉林、辽宁、甘肃、陕西、河北、河南、山东、湖北、湖南、四川、云南、贵州等省。生于海拔1 000米左右的山谷杂木林林缘或路边。苏联远东地区、朝鲜和日本也有。

【用途】 果酸甜，可生食或酿酒。茎中含黏液，可提取造纸黏剂。

56. 安息香猕猴桃 *Actinidia styracifolia* C. F. Liang

【形态特征】　中型落叶藤本；着花小枝长 8 ～ 12 厘米，直径 2.5 ～ 3 毫米，密被茶褐色茸毛，皮孔小而少，很不显著；隔年枝灰褐色，直径 2.5 毫米，秃净无毛，或薄被灰白色残存的皮屑状茸毛，皮孔小，可见，不显著，茎皮常自皮孔两端开裂纵伸；髓白色，片层状。叶纸质，椭圆状卵形或倒卵形，长 6 ～ 9 厘米，宽 4.5 ～ 5 厘米，顶端短渐尖至急尖，基部阔楔形，边缘具硬头突尖状小齿，腹面绿色，幼嫩时疏被短而小的糙伏毛，成熟时秃净无毛，背面灰绿色，密被灰白色星状短绒毛，主要叶脉上的毛带淡褐色，侧脉大多 7 对，横脉和网状小脉均甚显著；叶柄长 12 ～ 20 毫米，厂密被茶褐色短绒毛。聚伞花序 2 回分歧，5 ～ 7 花，密被茶褐色短绒毛，花序柄长 4 ～ 8 毫米，花柄长 5 ～ 7 毫米。花期 5 月中旬。

【分布】　福建产龙岩、泰宁、屏南、南平、武夷山、浦城等地。产湖南和福建。生于海拔 400 ～ 800 米的山谷林缘、河边及山坡灌丛中。

【用途】　果甜可食。

57. 对萼猕猴桃 *Actinidia valvata* Dunn

【形态特征】　　中型落叶藤本；着花小枝淡绿色，长10～15厘米，直径约2毫米，幼嫩时薄被极微小的茸毛，皮孔很不显著；隔年枝灰绿色，皮孔较显著；髓白色，实心。叶近膜质，阔卵形至长卵形，长5～13厘米，宽2.5～7.5厘米，顶端渐尖至浑圆形，基部阔楔形至截圆形。花序2～3花或1花单生；花序柄长约1.5厘米，花柄不及1厘米，均略被微茸毛；苞片钻形，长1～2毫米；花白色，径约2厘米；萼片2～3片，卵形至长方卵形，长6～9毫米，两面均无毛或外面的中间部分略被微茸毛；花瓣7～9片，长方倒卵形，长1～1.5厘米，宽10～12毫米。果成熟时橙黄色，卵珠状，稍偏肿，长2～2.5厘米，无斑点，顶端有尖喙，基部有反折的宿存萼片；种子长1.75～3.5毫米。

【分布】　　福建产于建宁、屏南等地；分布于湖南、湖北、江西、浙江和安徽等省。生于海拔200～800米的溪边或山谷丛林中。

【用途】　　果可生食或酿酒。

山茶科 Theaceae

杨桐属 Adinandra

58. 大萼杨桐 *Adinandra glischroloma* var. *jubata* (H. L. Li) Kobuski （大萼两广黄瑞木）

【形态特征】　灌木或小乔木，高3～8米，树皮灰褐色；枝圆筒形，小枝灰褐色，无毛，一年生新枝黄褐色。叶互生，革质，长圆状椭圆形，在于顶芽、嫩枝、叶片下面，尤其是叶缘均密被特长的锈褐色长刚毛，毛长达5毫米，颇美观。果圆球形，熟时黑色，密被长刚毛，宿存花柱长10～12毫米，被长刚毛。花期5—6月，果期9—10月。

【分布】　福建省内分布于漳平等地，产于广东（饶平、惠阳、阳山、信宜、高州）、广西（宁明、上思）等地；生于山地林中阴处。

【用途】　果甜可食。

59. 杨 桐 *Adinandra millettii* (Hooker & Arnott) Bentham & J. D. Hooker ex Hance（黄瑞木，毛药红淡）

【形态特征】　灌木或小乔木，高 2～10（或 16）米，胸径 10～20（或 40）厘米，树皮灰褐色，枝圆筒形，小枝褐色，无毛，一年生新枝淡灰褐色，初时被灰褐色平伏短柔毛，后变无毛，顶芽被灰褐色平伏短柔毛。叶互生，革质，长圆状椭圆形，长4.5～9 厘米，宽 2～3 厘米，顶端短渐尖或近钝形，稀可渐尖，基部楔形，边全缘，极少沿上半部疏生细锯齿。花单朵腋生，花梗纤细，疏被短柔毛或几无毛；小苞片 2，线状披针形；萼片 5，卵状披针形或卵状三角形，顶端尖，边缘具纤毛和腺点，外面疏被平伏短柔毛或几无毛；花瓣 5，白色，卵状长圆形至长圆形，顶端尖，外面全无毛；雄蕊约 25 枚，长 6～7 毫米。果圆球形，疏被短柔毛，直径约 1 厘米，熟时黑色，宿存花柱长约 8 毫米。花期 5—7 月，果期 8—10 月。

【分布】　福建全省各地常见。产于安徽南部（歙县、休宁、祁门）、浙江南部和西部（龙泉、遂昌、丽水、泰顺、平阳、西天目山）、江西、福建、湖南（宁远、长沙、宜章、雪峰山、新宁、汝桂、鄜县、东安、莽山、城步）、广东、广西（西部山区除外）、贵州（黎平）等地区；多生于海拔 100～1 300 米，最高可上达 1 800 米，常见于山坡路旁灌丛中或山地阳坡的疏林中或密林中，也往往见于林缘沟谷地或溪河路边。

【用途】　果味甜可食。杨桐叶、檀木叶经过采摘、修剪、捆绑、整形，可编织成手工艺品。

藤黄科 Guttiferae

藤黄属 Garcinia Linn.

60. 木竹子 *Garcinia multiflora* Champion ex Bentham（多花山竹子，山竹子，山桔子）

【形态特征】　乔木，稀灌木，高 5～15 米，胸径 20～40 厘米；树皮灰白色，粗糙；小枝绿色，具纵槽纹。叶片革质，卵形，长圆状卵形或长圆状倒卵形，长 7～16 厘米，宽 3～6 厘米，顶端急尖，渐尖或钝，基部楔形或宽楔形，边缘微反卷；叶柄长 0.6～1.2 厘米。花杂性，同株。雄花序成聚伞状圆锥花序式，有时单生，总梗和花梗具关节，雄花直径 2～3 厘米，花梗长 0.8～1.5 厘米；萼片 2 大 2 小，花瓣橙黄色，倒卵形，花丝合生成 4 束，有时部分花药成分枝状，花药 2 室；退化雌蕊柱状，具明显的盾状柱头，4 裂。雌花序有雌花 1～5 朵，退化雄蕊束短，束柄短于雌蕊。果卵圆形至倒卵圆形，长 3～5 厘米，直径 2.5～3 厘米，成熟时黄色，盾状柱头宿存。种子 1～2，椭圆形，长 2～2.5 厘米。花期 6—8 月，果期 11—12 月，同时偶有花果并存。

【分布】　福建全省各地可见。产台湾、福建、江西、湖南（西南部）、广东、海南、广西、贵州南部、云南等省区。本种适应性较强，生于山坡疏林或密林中，沟谷边缘或次生林或灌丛中，海拔 100 米（广东封开），通常为 400～1 200 米，有时可达 1 900 米（云南金平）。越南北部也有。

【用途】　福建果味酸甜可食。种子含油量 51.22%，种仁含油量 55.6%，可供制肥皂和机械润滑油用；果实入药，有清热，生津功效；树皮入药，有消炎功效，可治各种炎症；木材暗黄色，坚硬，可供舶板，家具及工艺雕刻用材。

（陈新艳　摄）

（陈新艳　摄）

61. 大叶藤黄 *Garcinia xanthochymus* Hook. f. ex T. Anders.

【形态特征】　乔木，高 8～20 米，胸径 15～45 厘米，树皮灰褐色，分枝细长，多而密集，平伸，先端下垂，通常披散重叠，小枝和嫩枝具明显纵棱。叶两行排列，厚革质，具光泽，椭圆形、长圆形或长方状披针形。伞房状聚伞花序，有花 2（或 5）～10（或 14）朵，腋生或从落叶叶腋生出总梗长约 6～12 毫米；花两性。浆果圆球形或卵球形，成熟时黄色，外面光滑，有时具圆形皮孔，顶端突尖，有时偏斜，柱头宿存，基部通常有宿存的萼片和雄蕊束。种子 1～4，外面具多汁的瓢状假种皮，长圆形或卵球形，种皮光滑，棕褐色。花期 3—5 月，果期 8—11 月。

【分布】　福建省厦门等地引种为栽培绿化树种，产云南南部和西南部至西部（尤以南部西双版纳分布较集中）及广西西南部（零星分布）。生于沟谷和丘陵地潮湿的密林中。

【用途】　果成熟后可食用，其味较酸；种子含油量 17.72%，可作工业用油。

蔷薇科 Rosaceae

桃属 Amygdalus

62. 桃 *Amygdalus persica* Linnaeus

【形态特征】 乔木，高 3～8 米；树冠宽广而平展；树皮暗红褐色，老时粗糙呈鳞片状；小枝细长，无毛，有光泽，具大量小皮孔。叶片长圆披针形、椭圆披针形或倒卵状披针形，长 7～15 厘米，宽 2～3.5 厘米，先端渐尖，基部宽楔形，上面无毛，叶边具细锯齿或粗锯齿；花单生，先于叶开放，直径 2.5～3.5 厘米；花梗极短或几无梗；萼筒钟形，被短柔毛，稀几无毛，绿色而具红色斑点；萼片卵形至长圆形，顶端圆钝，外被短柔毛；花瓣长圆状椭圆形至宽倒卵形，粉红色，罕为白色；雄蕊约 20～30，花药绯红色；花柱几与雄蕊等长或稍短；子房被短柔毛。果实腹缝明显，果梗短而深入果洼；果实多汁有香味，甜或酸甜；核大；种仁味苦，稀味甜。花期 3—4月，果实成熟期因品种而异，通常为 8—9 月。

【分布】 福建全省各地多有栽培，常逸为半野生者。原产中国，广布全国，但以华北为最多，品质最好。全世界亚热带至温带地区广泛栽培。

【用途】 果可食。桃树干上分泌的胶质，俗称桃胶，可用作粘接剂等，为一种聚糖类物质，水解能生成阿拉伯糖、半乳糖、木糖、鼠李糖、葡糖醛酸等，可食用，也供药用。

杏属 Armeniaca Mill.

63. 梅 *Armeniaca mume* Sieb.

【形态特征】　小乔木，稀灌木，高 4 ～ 10 米；树皮浅灰色或带绿色，平滑；小枝绿色，光滑无毛。叶片卵形或椭圆形，长 4 ～ 8 厘米，宽 2.5 ～ 5 厘米，先端尾尖，基部宽楔形至圆形，叶边常具小锐锯齿，灰绿色。花单生或有时 2 朵同生于 1 芽内，直径 2 ～ 2.5 厘米，香味浓，先于叶开放；雄蕊短或稍长于花瓣；子房密被柔毛，花柱短或稍长于雄蕊。果实近球形，直径 2 ～ 3 厘米，黄色或绿白色，被柔毛，味酸；果肉与核粘贴；核椭圆形，顶端圆形而有小突尖头，基部渐狭成楔形，两侧微扁，腹棱稍钝，腹面和背棱上均有明显纵沟，表面具蜂窝状孔穴。花期冬春季，果期 5—6 月（在华北果期延至 7—8 月）。

【分布】　原产中国，福建全省各地有零散栽培，常逸为半野生者。以长江流域以南各省最多，江苏北部和河南南部也有少数品种。

【用途】　梅鲜花可提取香精，花、叶、根和种仁均可入药。果实可鲜食、盐渍或干制，或熏制成乌梅入药，有止咳、止泻、生津、止渴之效。梅较抗根线虫危害，可作核果类果树的砧木。

64. 政和杏 *Armeniaca zhengheensis* J. Y. Zhang et M. N. Lu

【形态特征】　本种为落叶高大乔木，树高达 35～40 米。皮孔密而横生；一年生枝红褐色，光滑无毛。叶片长椭圆形至倒卵状长圆形，先端渐尖至长尾尖，基部截形或圆形，叶边缘具不规则的细小单锯齿，齿尖有体，上面绿色，脉上有稀疏柔毛，下面浅灰白色，密被灰白色长柔毛。花单生，直径 3 厘米，先于叶开放；花梗长 0.3～1 厘米，无毛；花瓣椭圆形，粉红色至淡粉红色，具短爪，先端圆钝；雄蕊 25～40 枚，长于花瓣；雌蕊 1 枚，略短于雄蕊。核果卵圆形，果皮黄色，阳面有红晕，微被柔毛；果肉多汁，味甜，黏核；核长椭圆形，长 2～2.5 厘米，宽 1.8 厘米，黄褐色，两侧扁平，顶端圆钝，基部对称，表面粗糙，有网状纹；仁扁椭圆形，饱满，味苦。

【分布】　该种植物形态独特、植株稀少，属于极小种群物种，分布区域窄，福建省政和县外屯乡稠岭山有小片林。浙江省庆元县左溪镇也有分布。

【用途】　果实味甜微酸，可生食或制作"杏梅干"，供食用。本种树形高大，果实较小；花朵繁多，色彩艳丽，具有较高的观赏价值，可以作为园林观赏树种予以开发利用。

（倪必勇　摄）

（倪必勇　摄）

木瓜属 Chaenomeles

65. 贴梗海棠 *Chaenomeles speciosa* (Sweet) Nakai（皱皮木瓜）

【形态特征】　灌木或小乔木，高 4 ～ 10 米；小枝微弯曲，圆柱形，幼时微具柔毛，老时脱落，暗灰褐色；冬芽卵形，先端急尖，无毛稀在先端鳞片边缘微具柔毛，红紫色。叶片椭圆形至卵状椭圆形，先端急尖或渐尖，基部圆形至宽楔形，边缘有圆钝锯齿，嫩时微具柔毛，成熟脱落；托叶膜质，线状披针形，先端渐尖，全缘，内面微具柔毛。花序近伞形，有花 5 ～ 7 朵，花梗长 3 ～ 5 厘米，无毛；苞片披针形，早落；花直径约 2.5 厘米；萼筒外面无毛；花瓣倒卵形，基部有短爪，紫白色；雄蕊约 30，花丝长短不等，比花瓣稍短。果实球形，直径 1.5 ～ 2.5 厘米，宿萼有长筒，萼片反折，果先端隆起，果心分离，果梗长 2 ～ 2.5 厘米。花期 5 月，果期 8—9 月。

【分布】　福建省各地以观赏果树栽培较多。分布于广东、云南、贵州、四川、陕西、甘肃等省。缅甸也有。

【用途】　果味酸可供生食或煮食，干制后入药，有驱风、舒筋、活络、顺气之效。

（刘兴剑　摄）

79

樱属 Cerasus

66. 麦李 *Cerasus glandulosa* (Thunb.) Lois.

【形态特征】 灌木，高 0.5～1.5 米，稀达 2 米。小枝灰棕色或棕褐色，无毛或嫩枝被短柔毛。冬芽卵形，无毛或被短柔毛。叶片长圆披针形或椭圆披针形，长 2.5～6 厘米，宽 1～2 厘米，先端渐尖，基部楔形，最宽处在中部，边有细钝重锯齿，上面绿色，下面淡绿色，两面均无毛或在中脉上有疏柔毛，侧脉 4～5 对；叶柄长 1.5～3 毫米，无毛或上面被疏柔毛；托叶线形，长约 5 毫米。花单生或 2 朵簇生，花叶同开或近同开；花梗长 6～8 毫米，几无毛；萼筒钟状，长宽近相等，无毛，萼片三角状椭圆形，先端急尖，边有锯齿；花瓣白色或粉红色，倒卵形；雄蕊 30 枚；花柱稍比雄蕊长，无毛或基部有疏柔毛。核果红色或紫红色，近球形，直径 1～1.3 厘米。花期 3—4 月，果期 5—8 月。

【分布】 福建武夷山有野外分布。漳州、东山、厦门、福州、南平等地有栽培。分布于湖北、河南、云南、黄州、四川、浙江、安徽、江苏、山东、陕西等省。生于山坡、沟边或灌丛中，也有庭园栽培，海拔 800～2 300 米。日本也有。

【用途】 果可食。花形优美，可为观赏树种。

67. 华中樱 *Cerasus conradinae* (Koehne) Yu et Li

【形态特征】　乔木，高3～10米，树皮灰褐色。小枝灰褐色，嫩枝绿色，无毛。叶片倒卵形、长椭圆形或倒卵状长椭圆形，先端骤渐尖，基部圆形，边有向前伸展锯齿，齿端有小腺体，上面绿色，下面淡绿色，两面均无毛，有侧脉7～9对；叶柄长6～8毫米，无毛，有2腺；托叶线形，长约6毫米，边有腺齿，花后脱落。伞形花序，有花3～5朵，先叶开放，直径约1.5厘米；总苞片褐色，倒卵椭圆形；花梗长1～1.5厘米，无毛；萼筒管形钟状，长约4毫米，宽约3毫米，无毛，萼片三角卵形，先端圆钝或急尖；花瓣白色或粉红色，卵形或倒卵圆形，先端二裂。核果卵球形，红色；核表面棱纹不显著。花期3月，果期4—5月。

【分布】　福建产武夷山、三明等地。分布于陕西、河南、湖南、湖北、四川、贵州、云南、广西等省区。生于沟边林中，海拔500～2 100米。

【用途】　果实可食，也可酿酒。

68. 浙闽樱 *Cerasus schneideriana* (Koehne) T. T. Yu & C. L. Li

【形态特征】 小乔木，高 2.5 ～ 6 米。小枝紫褐色，嫩枝灰绿色，密被灰褐色微硬毛。冬芽卵圆形，无毛。叶片长椭圆形、卵状长圆形或倒卵状长圆形，长 4 ～ 8 厘米，宽 1.5 ～ 4.5 厘米，先端渐尖或骤尾尖，基部圆形或宽楔形；叶柄长 5 ～ 8 毫米，密被褐色微硬毛，先端有 2（3）枚黑色腺体；托叶褐色，膜质，长 4 ～ 7 毫米，边缘疏生长柄腺体，早落。花序伞形，通常 2 朵，稀 1 或 3 朵；总苞长圆形，先端圆钝；花梗长 1.8 ～ 3.8 毫米，被毛；苞片绿褐色，边有锯齿，齿端腺体锥状，有柄；花梗长 1 ～ 1.4 厘米，密被褐色微硬毛；花瓣卵形，先端二裂；雄蕊约 40 枚，短于花瓣；花柱比雄蕊短，基部及子房疏生微硬毛。核果紫红色，长椭圆形，纵径 8 毫米，横径约 5 毫米，表面有棱纹。花期 3 月，果期 5 月。

【分布】 福建产武夷山。产浙江、福建、广西等省区。生于林中，海拔 600 ～ 1 300 米。

【用途】 果除生食外，宜于加工，制作果酱。花果美丽适宜作绿化观赏树种。

（陈新艳 摄）

（陈新艳 摄）

69. 樱桃 *Cerasus pseudocerasus* (Lindl.) G. Don

【形态特征】　乔木，高 2 ～ 6 米，树皮灰白色。小枝灰褐色，嫩枝绿色，无毛或被疏柔毛。冬芽卵形，无毛。叶片卵形或长圆状卵形，长 5 ～ 12 厘米，宽 3 ～ 5 厘米，先端渐尖或尾状渐尖，基部圆形，边有尖锐重锯齿，齿端有小腺体，上面暗绿色，近无毛，下面淡绿色，沿脉或脉间有稀疏柔毛，侧脉 9 ～ 11 对；叶柄长 0.7 ～ 1.5 厘米，被疏柔毛，先端有 1 或 2 个大腺体；托叶早落，披针形，有羽裂腺齿。花序伞房状或近伞形，有花 3 ～ 6 朵，先叶开放；总苞倒卵状椭圆形，褐色，边有腺齿；花梗长 0.8 ～ 1.9 厘米，被疏柔毛；花瓣白色，卵圆形，先端下凹或二裂；花柱与雄蕊近等长，无毛。核果近球形，红色，直径 0.9 ～ 1.3 厘米。花期 3—4 月，果期 5—6 月。

【分布】　福建产武平、连城、永安、浦城。分布于我国长江流域各省区。日本也有分布。生于山坡阳处或沟边，常栽培，海拔 300 ～ 600 米。

【用途】　果实可食，也可酿樱桃酒。枝、叶、根、花也可供药用。

山楂属 Crataegus

70. 野山楂 *Crataegus cuneata* Siebold & Zuccarini

【形态特征】　落叶灌木，高达 15 米，分枝密，通常具细刺，刺长 5～8 毫米；小枝细弱，圆柱形，有棱，幼时被柔毛，一年生枝紫褐色，无毛，老枝灰褐色，散生长圆形皮孔。叶片宽倒卵形至倒卵状长圆形，长 2～6 厘米，宽 1～4.5 厘米，先端急尖，基部楔形。伞房花序，直径 2～2.5 厘米，具花 5～7 朵，总花梗和花梗均被柔毛。花梗长约 1 厘米；苞片草质，披针形，条裂或有锯齿，长 8～12 毫米，脱落很迟；花直径约 1.5 厘米；花瓣近圆形或倒卵形，长 6～7 毫米，白色，基部有短爪；雄蕊 20。果实近球形或扁球形，直径 1～1.2 厘米，红色或黄色，常具有宿存反折萼片或 1 苞片；小核 4～5，内面两侧平滑。花期 5—6 月，果期 9—11 月。

【分布】　福建寿宁、武夷山等山地零星分布，产河南、湖北、江西、湖南、安徽、江苏、浙江、云南、贵州、广东、广西、福建等省区。生于山谷、多石湿地或山地灌木丛中，海拔 250～2 000 米。

【用途】　果实鲜食，也可酿酒或制果酱，入药有健胃、消积化滞之效；嫩叶可以代茶，茎叶煮汁可洗漆疮。

榅桲属 Cydonia

71. 榅桲 *Cydonia oblonga* Miller

【形态特征】　灌木或小乔木，有时高达8米；小枝细弱，无刺，圆柱形，嫩枝密被绒毛，以后脱落，紫红色，二年生枝条无毛，紫褐色，有稀疏皮孔；冬芽卵形，先端急尖，被绒毛，紫褐色。叶片卵形至长圆形，长5～10厘米，宽3～5厘米。花单生；花梗长约5毫米或近于无柄，密被绒毛；苞片膜质，卵形，早落；花直径4～5厘米；萼筒钟状，外面密被绒毛；萼片卵形至宽披针形，长5～6毫米，先端急尖，边缘有腺齿，反折，比萼筒长，内外两面均被绒毛；花瓣倒卵形，长约1.8厘米，白色；雄蕊20，长不及花瓣之半；花柱5，离生，约与雄蕊等长，基部密被长绒毛。果实梨形，直径3～5厘米，密被短绒毛，黄色，有香味；萼片宿存反折；果梗短粗，长约5毫米，被绒毛。花期4—5月，果期10月。

【分布】　福建省清流、罗源等县有分布。江西、陕西、新疆等省区有栽培。原产中亚细亚。

【用途】　果实芳香，味酸可供生食或煮食。又供药用，以治水泻、肠虚、烦热及散酒气。实生苗可作苹果和梨类砧木。耐修剪、适宜作绿篱。种子中含粘液和脂肪，利用在纺织生产中可使棉纱增加光泽，与水混合可代替阿拉伯胶糊。

蛇莓属 *Duchesnea*

72. 蛇莓 *Duchesnea indica* (Andrews) Focke

【形态特征】　多年生草本；根茎短，粗壮；匍匐茎多数，长 30～100 厘米，有柔毛。小叶片倒卵形至菱状长圆形，长 2～3.5（或 5）厘米，宽 1～3 厘米，先端圆钝，边缘有钝锯齿，两面皆有柔毛，或上面无毛，具小叶柄；叶柄长 1～5 厘米，有柔毛；托叶窄卵形至宽披针形，长 5～8 毫米。花单生于叶腋；直径 1.5～2.5 厘米；花梗长 3～6 厘米，有柔毛；萼片卵形，长 4～6 毫米，先端锐尖，外面有散生柔毛；副萼片倒卵形，长 5～8 毫米，比萼片长，先端常具 3～5 锯齿；花瓣倒卵形，长 5～10 毫米，黄色，先端圆钝；雄蕊 20～30；心皮多数，离生；花托在果期膨大，海绵质，鲜红色，有光泽，直径 10～20 毫米，外面有长柔毛。瘦果卵形，长约 1.5 毫米，光滑或具不显明凸起，鲜时有光泽。花期 6—8 月，果期 8—10 月。

【分布】　福建产福州、永泰、永安、沙县、泰宁、南平、武夷山、光泽。产辽宁以南各省区。生于山坡、河岸、草地、潮湿的地方，海拔 1 800 米以下。分布从阿富汗东达日本，南达印度、印度尼西亚，在欧洲及美洲均有记录。

【用途】　果可食，有微毒。全草药用，能散瘀消肿、收敛止血、清热解毒。茎叶捣敷治疗疮有特效，亦可敷蛇咬伤、烫伤、烧伤。果实煎服能治支气管炎。全草水浸液可防治农业害虫、杀蛆、孑孓等。

枇杷属 Eriobotrya

73. 大花枇杷 *Eriobotrya cavaleriei* (Levl.) Rehd.

【形态特征】　常绿乔木，高4～6米；小枝粗壮，棕黄色，无毛。叶片集生枝顶，长圆形、长圆披针形或长圆倒披针形，长7～18厘米，宽2.5～7厘米，先端渐尖，基部渐狭，边缘具疏生内曲浅锐锯齿；近基部全缘，上面光亮，无毛，下面近无毛，中脉在两面凸起，侧脉7～14对，网脉在下面显著；叶柄长1.5～4厘米，无毛。圆锥花序顶生，直径9～12厘米；总花梗和花梗有稀疏棕色短柔毛；花梗粗壮，长3～10毫米；花直径1.5～2.5厘米；萼筒浅杯状，长3～5毫米，外面有稀疏棕色短柔毛；萼片三角卵形，长2～3毫米，先端钝，沿边缘有棕色绒毛；花瓣白色，倒卵形，长8～10毫米，微缺，无毛；雄蕊20；长4～5毫米；花柱2～3，基部合生，长4毫米，中部以下有白色长柔毛，子房无毛。果实椭圆形或近球形，直径1～1.5厘米，橘红色，肉质，具颗粒状突起，无毛或微有柔毛，顶端有反折宿存萼片。花期4—5月，果期7—8月。

【分布】　福建产南靖、平和、上杭、武平、龙岩、德化等，分布于广东、广西、湖南、湖北、贵州、四川、江西等省区。生于河边、山坡杂木林中，分布少，福州引种未见有花果。

【用途】　果实味酸甜，可生食或酿酒。

（陈新艳　摄）

（陈新艳　摄）

（陈新艳　摄）

（陈秀萍　摄）

苹果属 Malus

74. 尖嘴林檎 *Malus doumeri* (Bois) A. Chev.

【形态特征】 灌木或小乔木，高 4～10 米；小枝微弯曲，圆柱形，幼时微具柔毛，老时脱落，暗灰褐色；冬芽卵形，先端急尖，无毛稀在先端鳞片边缘微具柔毛，红紫色。叶片椭圆形至卵状椭圆形，长 5～10 厘米，宽 2.5～4 厘米，先端急尖或渐尖，基部圆形至宽楔形，边缘有圆钝锯齿，嫩时微具柔毛，成熟脱落；叶柄长 1.5～2.5 厘米；托叶膜质，线状披针形，先端渐尖，全缘，内面微具柔毛。花序近伞形，有花 5～7 朵，花梗长 3～5 厘米，无毛；苞片披针形，早落；花直径约 2.5 厘米；花瓣倒卵形，长约 1～2 厘米，基部有短爪，紫白色；雄蕊约 30，花丝长短不等，比花瓣稍短。果实球形，直径 1.5～2.5 厘米，宿萼有长筒，长 5～8 毫米，萼片反折，果先端隆起，果心分离，果梗长 2～2.5 厘米。花期 5 月，果期 8—9 月。

【分布】 福建产上杭、永安、将乐、泰宁、古田、南平、武夷山、顺昌。产浙江、安徽、江西、湖南、福建、广东、广西、云南等省区。生山地混交林中或山谷沟边，海拔 700～2 400 米。

【用途】 果实可食，观赏性好，春季花叶并发，嫩叶红艳，花乳白，红白分明，鲜艳夺目，入秋黄果满枝间，黄绿辉映，集叶、花、果的美于一身。宜在园林旷野中栽植，增添景趣。

75. 湖北海棠 *Malus hupehensis* (Pampanini) Rehder

【形态特征】　　乔木，高达8米；小枝最初有短柔毛，不久脱落，老枝紫色至紫褐色；冬芽卵形，先端急尖，鳞片边缘有疏生短柔毛，暗紫色。叶片卵形至卵状椭圆形，长5～10厘米，宽2.5～4厘米，先端渐尖，基部宽楔形，稀近圆形，边缘有细锐锯齿。伞房花序，具花4～6朵，花梗长3～6厘米，无毛或稍有长柔毛；苞片膜质，披针形，早落；花直径3.5～4厘米；花瓣倒卵形，长约1.5厘米，基部有短爪，粉白色或近白色；雄蕊20，花丝长短不齐，约等于花瓣之半；花柱3，稀4，基部有长绒毛，较雄蕊稍长。果实椭圆形或近球形，直径约1厘米，黄绿色稍带红晕，萼片脱落；果梗长2～4厘米。花期4—5月，果期8—9月。

【分布】　　福建产福州、永泰、连城、沙县、泰宁、古田、南平、将乐、建阳、武夷山。产湖北、湖南、江西、江苏、浙江、安徽、福建、广东、甘肃、陕西、河南、山西、山东、四川、云南、贵州等省区。生山坡或山谷丛林中，海拔50～2 900米。

【用途】　　果可食。常为园林观赏树种。

（刘兴剑　摄）

76. 海棠花 *Malus spectabilis* (Aiton) Borkhausen

【形态特征】 乔木，高可达 8 米；小枝粗壮，圆柱形，幼时具短柔毛，逐渐脱落，老时红褐色或紫褐色，无毛；冬芽卵形，先端渐尖，微被柔毛，紫褐色，有数枚外露鳞片。叶片椭圆形至长椭圆形，长 5～8 厘米，宽 2～3 厘米，先端短渐尖或圆钝，基部宽楔形或近圆形，边缘有紧贴细锯齿，有时部分近于全缘，幼嫩时上下两面具稀疏短柔毛，以后脱落，老叶无毛；叶柄长 1.5～2 厘米，具短柔毛。花序近伞形，有花 4～6 朵，花梗长 2～3 厘米，具柔毛；苞片膜质，披针形，早落；花直径 4～5 厘米；花瓣卵形，长 2～2.5 厘米，宽 1.5～2 厘米，基部有短爪，白色，在芽中呈粉红色；雄蕊 20-25，花丝长短不等，长约花瓣之半；花柱 5，稀 4，基部有白色绒色，比雄蕊稍长。果实近球形，直径 2 厘米，黄色。花期 4—5 月，果期 8—9 月。

【分布】 福建福州等地分布。产河北、山东、陕西、江苏、浙江、云南等省区。平原或山地，海拔 50～2 000 米。

【用途】 果可食。常为观赏树种。

（刘兴剑 摄）

石楠属 Photinia

77. 贵州石楠 *Photinia bodinieri* H. Léveillé

【形态特征】　乔木；幼枝褐色，无毛。叶片革质，卵形、倒卵形或长圆形，长4.5～9厘米，宽1.5～4厘米，先端尾尖，基部楔形，边缘有刺状齿，两面皆无毛，或脉上微有柔毛以后脱落，侧脉约10对；叶柄长1～1.5厘米，无毛，上面有纵沟。复伞房花序顶生，直径约5厘米，总花梗和花梗有柔毛；花直径约1厘米；萼筒杯状，有柔毛；萼片三角形，长1毫米，先端急尖或钝，外面有柔毛；花瓣白色，近圆形，直径约4毫米，先端微缺，无毛；雄蕊20，较花瓣稍短；花柱2～3，合生。花期5月。

【分布】　福建习见。分布于陕西、江苏、安徽、浙江、江西、湖北、湖南、广东、广西、贵州、四川及云南等省区。生于海拔300～1 300米的山地、丘陵灌丛、林中、山坡、或路边。缅甸、越南和泰国有分布。

【用途】　成熟果实味甜可食。木材坚硬致密，可作器具、船舶等。

78. 光叶石楠 *Photinia glabra* (Thunberg) Maximowicz

【形态特征】 常绿乔木，高 3～5 米，可达 7 米；老枝灰黑色，无毛，皮孔棕黑色，近圆形，散生。叶片革质，幼时及老时皆呈红色，椭圆形、长圆形或长圆倒卵形，长 5～9 厘米，宽 2～4 厘米，先端渐尖，基部楔形，边缘有疏生浅钝细锯齿，两面无毛，侧脉 10～18 对；叶柄长 1～1.5 厘米，无毛。花多数，成顶生复伞房花序，直径 5～10 厘米；花瓣白色，反卷，倒卵形，长约 3 毫米，先端圆钝，内面近基部有白色绒毛，基部有短爪；雄蕊 20，约与花瓣等长或较短；花柱 2，稀为 3，离生或下部合生，柱头头状，子房顶端有柔毛。果实卵形，长约 5 毫米，红色，无毛。花期 4—5 月，果期 9—10 月。

【分布】 福建省南靖、上杭、龙岩、德化、福清、福州、宁德、南平等分布。产安徽、江苏、浙江、江西、湖南、湖北、福建、广东、广西、四川、云南、贵州等省区。生于山坡杂木林中，海拔 500～800 米。

【用途】 果可食，味甜带涩。叶供药用，有解热、利尿、镇痛作用。种子榨油，可制肥皂或润滑油。木材坚硬致密，可作器具、船舶、车辆等。适宜栽培做篱垣及庭园树。

79. 小叶石楠 *Photinia parvifolia* (Pritz.) Schneid.

【形态特征】　　落叶灌木，高 1 ～ 3 米；小枝无毛，散生细小皮孔。叶纸质，椭园形至卵状披针形或倒卵状披针形，长 4 ～ 7 厘米，宽 1.5 ～ 3 厘米，顶端短尖，有时尖头尾状，基部阔楔形，稀近圆形，边缘具细腺锯齿，两面无毛，侧脉 4 ～ 6 对；叶柄长 1 ～ 2 毫米，无毛。花 1 ～ 9 朵，成伞形花序状，生于侧枝顶端；花梗细；无总花梗；萼筒杯状，片卵形，急尖，内面被柔毛；花瓣白色，圆形，宽 4 ～ 5 毫米，内面基部疏生长柔毛；雄蕊 20 枚；子房顶端密生柔毛。果实椭圆形，直径 5 ～ 7 毫米，无毛，有直立宿存萼片；果梗长 1 ～ 2.5 厘米，密生疣点，无毛；种子 2 ～ 3 个，卵形。花期 4—5 月。果期 8 月。

【分布】　　全省习见；分布于广东、广西、湖南、湖北、河南、贵州、四川、台湾、江西、浙江、安徽、江苏等省区。生山坡灌木丛中。

【用途】　　果实可食，根、枝、叶供药用，有行血止血、止痛功效。

80. 石楠 *Photinia serratifolia* (Desfontaines) Kalkman

【形态特征】　　常绿灌木或小乔木，高 4 ～ 6 米，有时可达 12 米；枝褐灰色，无毛；冬芽卵形，鳞片褐色，无毛。叶片革质，长椭圆形、长倒卵形或倒卵状椭圆形，长 9 ～ 22 厘米，宽 3 ～ 6.5 厘米，先端尾尖，基部圆形或宽楔形，边缘有疏生具腺细锯齿，近基部全缘，上面光亮，幼时中脉有绒毛，成熟后两面皆无毛，中脉显著，侧脉 25 ～ 30 对；叶柄粗壮，长 2 ～ 4 厘米，幼时有绒毛，以后无毛。复伞房花序顶生，直径 10 ～ 16 厘米；总花梗和花梗无毛，花密生，直径 6 ～ 8 毫米；萼筒杯状；萼片阔三角形；花瓣白色，近圆形；雄蕊 20，外轮较花瓣长，内轮较花瓣短，花药带紫色。果实球形，直径 5 ～ 6 毫米，红色，后成褐紫色，有 1 粒种子；种子卵形，长 2 毫米，棕色，平滑。花期 4—5 月，果期 10 月。

【分布】　　福建产于厦门、仙游、福州、永泰、永安、沙县、泰宁、武夷山。产陕西、甘肃、河南、江苏、安徽、浙江、江西、湖南、湖北、福建、台湾、广东、广西、四川、云南、贵州等省区。生于杂木林中，海拔 1 000 ～ 2 500 米。

【用途】　　可作枇杷的砧木，用石楠嫁接的枇杷寿命长，耐瘠薄土壤，生长强壮。木材坚密，可制车轮及器具柄；叶和根供药用为强壮剂、利尿剂，有镇静解热等作用；又可作土农药防治蚜虫。

火棘属 Pyracantha

81. 火棘 *Pyracantha fortuneana* (Maximowicz) H. L. Li

【形态特征】　常绿灌木，高达 3 米；侧枝短，先端成刺状，嫩枝外被锈色短柔毛，老枝暗褐色，无毛；芽小，外被短柔毛。叶片倒卵形或倒卵状长圆形，长 1.5 ～ 6 厘米，宽 0.5 ～ 2 厘米，先端圆钝或微凹，有时具短尖头，基部楔形，下延连于叶柄，边缘有钝锯齿，齿尖向内弯，近基部全缘，两面皆无毛；叶柄短，无毛或嫩时有柔毛。花集成复伞房花序，直径 3 ～ 4 厘米，花梗和总花梗近于无毛，花梗长约 1 厘米；花直径约 1 厘米；萼筒钟状，无毛；萼片三角卵形，先端钝；花瓣白色，近圆形，长约 4 毫米，宽约 3 毫米；雄蕊 20，花丝长 3 ～ 4 毫米，药黄色；花柱 5，离生，与雄蕊等长，子房上部密生白色柔毛。果实近球形，直径约 5 毫米，橘红色或深红色。花期 3—5 月，果期 8—11 月。

【分布】　福建产龙海、福州、南平等地。产陕西、河南、江苏、浙江、福建、湖北、湖南、广西、贵州、云南、四川、西藏等省区。生于山地、丘陵地阳坡灌丛草地及河沟路旁，海拔 500 ～ 2 800 米。

【用途】　果实可食，也是常见的观赏树种。

梨属 Pyrus

82. 豆梨 *Pyrus calleryana* Decaisne

【形态特征】　乔木，高 5～8 米；小枝粗壮，圆柱形，在幼嫩时有茸毛，不久脱落，二年生枝条灰褐色；冬芽三角卵形，先端短渐尖，微具茸毛。叶片宽卵形至卵形，稀长椭卵形，长 4～8 厘米，宽 3.5～6 厘米，先端渐尖，稀短尖，基部圆形至宽楔形，边缘有钝锯齿，两面无毛；叶柄长 2～4 厘米，无毛。伞形总状花序，具花 6～12 朵，直径 4～6 毫米，总花梗和花梗均无毛，花梗长 1.5～3 厘米；苞片膜质，线状披针形；花直径 2～2.5 厘米；萼筒无毛；萼片披针形，先端渐尖，全缘，外面无毛，内面具绒毛，边缘较密；花瓣卵形，长约 13 毫米，宽约 10 毫米，基部具短爪，白色；雄蕊 20，稍短于花瓣。梨果球形，直径约 1 厘米，黑褐色，有斑点，萼片脱落，有细长果梗。花期 4 月，果期 8—9 月。

【分布】　福建全省常见分布。产山东、河南、江苏、浙江、江西、安徽、湖北、湖南、福建、广东、广西等省区。适生于温暖潮湿气候，生山坡、平原或山谷杂木林中，海拔 80～1 800 米。

【用途】　果可食，通常用作沙梨砧木。木材致密可作器具。

83. 沙梨 *Pyrus pyrifolia* (N. L. Burman) Nakai

【形态特征】　乔木，高达 7～15 米；小枝嫩时具黄褐色长柔毛或绒毛，不久脱落，二年生枝紫褐色或暗褐色，具稀疏皮孔；冬芽长卵形，先端圆钝，鳞片边缘和先端稍具长绒毛。叶片卵状椭圆形或卵形，长 7～12 厘米，宽 4～6.5 厘米，先端长尖，基部圆形或近心形，稀宽楔形，边缘有刺芒锯齿。叶柄长 3～4.5 厘米，嫩时被绒毛，不久脱落；托叶膜质，线状披针形。伞形总状花序，具花 6～9 朵，直径 5～7 厘米；花瓣卵形，长 15～17 毫米，先端啮齿状，基部具短爪，白色；雄蕊 20，长约等于花瓣之半。果实近球形，浅褐色，有浅色斑点，先端微向下陷，萼片脱落；种子卵形，微扁，长 8～10 毫米，深褐色。花期 4 月，果期 8 月。

【分布】　福建省各地常见，常逸为野生。产安徽、江苏、浙江、江西、湖北、湖南、贵州、四川、云南、广东、广西、福建等省区。适宜生长在温暖而多雨的地区，海拔 100～1 400 米。

【用途】　果实可食，可清热，生津，润燥，化痰。用于咳嗽、干咳、烦渴、口干、汗多、喉痛、痰热惊狂、便秘、烦躁。

84. 麻梨 *Pyrus serrulata* Rehder

【形态特征】 乔木，高达 8 ～ 10 米；小枝圆柱形，微带棱角，在幼嫩时具褐色绒毛，以后脱落无毛，二年生枝紫褐色，具稀疏白色皮孔；冬芽肥大，卵形，先端急尖，鳞片内面具有黄褐色绒毛。叶片卵形至长卵形，长 5 ～ 11 厘米，宽 3.5 ～ 7.5 厘米，先端渐尖，基部宽楔形或圆形，边缘有细锐锯齿，齿尖常向内合拢，下面在幼嫩时被褐色绒毛，以后脱落，侧脉 7 ～ 13 对，网脉显明。伞形总状花序，有花 6 ～ 11 朵，花梗长 3 ～ 5 厘米，总花梗和花梗均被褐色绵毛，逐渐脱落；苞片膜质，线状披针形；萼筒外面有稀疏绒毛；花瓣宽卵形，长 10 ～ 12 厘米，先端圆钝，基部具有短爪，白色；雄蕊 20，约短于花瓣之半。果实近球形或倒卵形，长 1.5 ～ 2.2 厘米，深褐色，有浅褐色果点，3 ～ 4 室，萼片宿存，或有时部分脱落，果梗长 3 ～ 4 厘米。花期 4 月，果期 6— 8 月。

【分布】 福建全省习见。分布广东、广西、湖南、湖北、四川、江西、浙江等省区，生山坡疏林中。

【用途】 果实可鲜食、酿酒、榨果汁、做果酱、加冰糖或蜂蜜熬膏等。

石斑木属 Rhaphiolepis

85. 石斑木 *Rhaphiolepis indica* (Linnaeus) Lindley

【形态特征】　　常绿灌木，稀小乔木，高可达 4 米；幼枝初被褐色绒毛，以后逐渐脱落近于无毛。叶片集生于枝顶，卵形、长圆形，稀倒卵形或长圆披针形，叶脉稍凸起，网脉明显；叶柄长 5 ~ 18 毫米，近于无毛；托叶钻形，长 3 ~ 4 毫米，脱落。果实球形，紫黑色，直径约 5 毫米，果梗短粗，长 5 ~ 10 毫米。花期 4 月，果期 7—8 月。本种形态变异很强，叶片大小、宽窄、叶边锯齿深浅、网脉显明下陷与否，差异很大。

【分布】　　福建全省习见。产安徽、浙江、江西、湖南、贵州、云南、福建、广东、广西、台湾等省区。生于山坡、路边或溪边灌木林中，海拔 150 ~ 1 600 米。

【用途】　　果实可食。木材带红色，质重坚韧，可作器物。

86. 大叶石斑木 *Rhaphiolepis major* Card.

【形态特征】　　常绿灌木，高可达4米，树皮光滑；小枝粗壮，灰色，几无毛。叶片长椭圆形或倒卵状长圆形，长7～15厘米，宽4～6厘米。圆锥花序长约12厘米；总花梗、花梗、苞片及小苞片均被锈色绒毛；花梗长7～15毫米；花直径13～15毫米；萼筒筒状，上部宽大，长约4毫米，外面被锈色绒毛，内面无毛；萼片三角披针形，先端长渐尖，长5～6毫米，外面微被毛，内面先端有锈色绒毛；花瓣卵形，长5～7毫米，宽4.5～5.5毫米，先端稍急尖或圆钝，基部有毛；雄蕊15，约与花瓣等长或短于花瓣；花柱2，基部合生，子房被毛。果实球形，黑色，直径7～10毫米；果梗粗壮，长8～15毫米，被棕色绒毛；种子1，圆形，黑色，直径约5毫米。花期4月，果期8月。

【分布】　　产福建、浙江、江西等省区。生于阴暗潮湿密林中或溪谷灌木丛中，海拔250～300米。

【用途】　　果熟味甜，籽大，可食率低。

蔷薇属 Rosa

87. 小果蔷薇 *Rosa cymosa* Trattinnick

【形态特征】　攀援灌木，高 2～5 米；小枝圆柱形，无毛或稍有柔毛，有钩状皮刺。小叶 3-5，稀 7；连叶柄长 5～10 厘米；小叶片卵状披针形或椭圆形，稀长圆披针形，长 2.5～6 厘米，宽 8～25 毫米，先端渐尖，基部近圆形，边缘有紧贴或尖锐细锯齿，两面均无毛。花多朵成复伞房花序；花直径 2～2.5 厘米，花梗长约 1.5 厘米，幼时密被长柔毛，老时逐渐脱落近于无毛；萼片卵形，先端渐尖，常有羽状裂片，外面近无毛，稀有刺毛，内面被稀疏白色绒毛，沿边缘较密；花瓣白色，倒卵形，先端凹，基部楔形；花柱离生，稍伸出花托口外，与雄蕊近等长，密被白色柔毛。果球形，直径 4～7 毫米，红色至黑褐色，萼片脱落。花期 5—6 月，果期 7—11 月。

【分布】　福建全省习见；分布于广东、广西、湖南、云南、四川、贵州、台湾、江西、浙江、安徽、江苏等省区。生于山坡、路旁、田边、水沟边的灌木丛中。

【用途】　果可食略带涩，果实可入药，有消肿止痛，祛风除湿，止血解毒，补脾固涩功效。

88. 金樱子 *Rosa laevigata* Michaux

【形态特征】 常绿攀援灌木，高可达 5 米；小枝粗壮，散生扁弯皮刺，无毛，幼时被腺毛，老时逐渐脱落减少。小叶革质，通常 3，稀 5，连叶柄长 5 ～ 10 厘米；小叶片椭圆状卵形、倒卵形或披针状卵形，长 2 ～ 6 厘米，宽 1.2 ～ 3.5 厘米，先端急尖或圆钝，稀尾状渐尖，边缘有锐锯齿。花单生于叶腋，直径 5 ～ 7 厘米；花梗长 1.8 ～ 2.5 厘米，偶有 3 厘米者，花梗和萼筒密被腺毛，随果实成长变为针刺；萼片卵状披针形，先端呈叶状，边缘羽状浅裂或全缘，常有刺毛和腺毛；花瓣白色，宽倒卵形，先端微凹。果紫褐色，外面密被刺毛，果梗长约 3 厘米，萼片宿存。花期 4—6 月，果期 7—11 月。

【分布】 福建全省习见。产陕西、安徽、江西、江苏、浙江、湖北、湖南、广东、广西、台湾、福建、四川、云南、贵州等省区。喜生于向阳的山野、田边、溪畔灌木丛中，海拔 200 ～ 1 600 米。

【用途】 果肉甜可鲜食，也可熬糖及酿酒，能止腹泻并对流感病毒有抑制作用。

悬钩子属 Rubus

89. 小柱悬钩子 *Rubus columellaris* Tutcher

【形态特征】　攀援灌木，高 1 ~ 2.5 米；枝褐色或红褐色，无毛，疏生钩状皮刺。小叶 3 枚，有时生于枝顶端花序下部的叶为单叶，近革质，椭圆形或长卵状披针形，侧脉 9 ~ 13 对，两面无毛或上面疏生平贴柔毛；托叶披针形，无毛，稀微有柔毛。花 3 ~ 7 朵成伞房状花序，着生于侧枝顶端，或腋生，在花序基部叶腋间常着生单花；总花梗长 3 ~ 4 厘米，花梗长 1 ~ 2 厘米，疏生钩状小皮刺；苞片线状披针形；花大，开展时直径可达 3 ~ 4 厘米；花萼无毛；萼片卵状披针形或披针形，顶端急尖并具锥状突尖头，内萼片边缘具黄灰色绒毛，花后常反折；花瓣匙状长圆形或长倒卵形，比萼长得多，白色，基部具爪。果实近球形或稍呈长圆形，直径达 1.5 厘米，长达 1.7 厘米，橘红色或褐黄色，无毛；核较小，具浅皱纹。花期 4—5 月，果期 6 月。

【分布】　福建产于永安、三明、南平。产江西、湖南、广东、广西、福建、四川、贵州、云南。生山坡、山谷疏密杂木林内较阴湿处，海拔达 2 000 米。

【用途】　果味酸甜，可鲜食、酿酒、制醋、制果汁、制果酱等。

90. 光果悬钩子 *Rubus glabricarpus* W. C. Cheng

【形态特征】　灌木，高达 3 米；枝细，具基部宽扁的皮刺，嫩枝具柔毛和腺毛。单叶，卵状披针形，长 4 ～ 7 厘米，宽 2 ～ 4.5 厘米，顶端渐尖，基部微心形或近截形，两面被柔毛，沿叶脉毛较密或有腺毛，老时毛较稀疏，边缘 3 浅裂或缺刻状浅裂，有不规则重锯齿或缺刻状锯齿，并有腺毛；叶柄细，长 1 ～ 1.5 厘米，具柔毛、腺毛和小皮刺；托叶线形，有柔毛和腺毛。花单生，顶生或腋生，直径约 1.5 厘米；花梗长 5 ～ 10 毫米，具柔毛和腺毛；花萼外被柔毛和腺毛；萼片披针形，顶端尾尖；花瓣卵状长圆形或长圆形，白色，几与萼片等长，顶端圆钝或近急尖；雄蕊多数，花丝宽扁；雌蕊多数，子房无毛。果实卵球形，直径约 1 厘米，红色，无毛；核具皱纹。花期 3—4 月，果期 5—6 月。

【分布】　福建产南平、武夷山。分布浙江、福建等省区。生低海拔至中海拔的山坡、山脚、沟边及杂木林下。

【用途】　果味酸甜，可鲜食、酿酒、制醋、制果汁、制果酱等。

91. 周毛悬钩子 *Rubus amphidasys* Focke ex Diels

【形态特征】 蔓性小灌木，高 0.3 ～ 1 米；枝红褐色，密被红褐色长腺毛、软刺毛和淡黄色长柔毛，常无皮刺。单叶，宽长卵形，长 5 ～ 11 厘米，宽 3.5 ～ 9 厘米，顶端短渐尖或急尖，基部心形，两面均被长柔毛，边缘 3 ～ 5 浅裂，裂片圆钝，顶生裂片比侧生者大数倍，有不整齐尖锐锯齿；叶柄长 2 ～ 5.5 厘米，被红褐色长腺毛、软刺毛和淡黄色长柔毛；托叶离生，羽状深条裂，裂片条形或披针形，被长腺毛和长柔毛。花常 5 ～ 12 朵成近总状花序，顶生或腋生，稀 3 ～ 5 朵簇生；总花梗、花梗和花萼均密被红褐色长腺毛、软刺毛和淡黄色长柔毛；花瓣宽卵形至长圆形，长 4 ～ 6 毫米，宽 3 ～ 4 毫米，白色，基部几无爪，比萼片短得多；花丝宽扁，短于花柱；子房无毛。果实扁球形，直径约 1 厘米，暗红色，无毛。包藏在宿萼内。花期 5—6 月，果期 7—8 月。

【分布】 福建产泰宁、武夷山。产江西、湖北、湖南、安徽、浙江、福建、广东、广西、四川、贵州等省区。生山坡路旁丛林或竹林内或生于山地红黄壤林下，海拔 400 ～ 1 600 米。

【用途】 果可食。全株入药，有活血、治风湿之效。

92. 三花悬钩子 *Rubus trianthus* Focke

【形态特征】　　藤状灌木，高 0.5～2 米。枝细瘦，暗紫色，无毛，疏生皮刺，有时具白粉。单叶，卵状披针形或长圆披针形，顶端渐尖，基部心脏形，稀近截形，两面无毛，上面色较浅，3 裂或不裂，通常不育枝上的叶较大而 3 裂，顶生裂片卵状披针形，边缘有不规则或缺刻状锯齿；叶柄长 1～3 厘米，无毛，疏生小皮刺，基部有 3 脉；托叶披针形或线形，无毛。花常 3 朵，有时花超过 3 朵而成短总状花序，常顶生；苞片披针形或线形；花萼外面无毛；萼片三角形，顶端长尾尖；花瓣长圆形或椭圆形，白色，几与萼片等长；雄蕊多数，花丝宽扁；雌蕊约 10～50，子房无毛。果实近球形，直径约 1 厘米，红色，无毛；核具皱纹。花期 4—5 月，果期 5—6 月。

【分布】　　福建产泰宁、武夷山。分布于湖南、湖北、云南、贵州、四川、台湾、浙江、江西、安徽等省区。生山坡杂木林或草丛中，也习见于路旁、溪边及山谷等处，海拔 500～2 800 米。越南有分布。

【用途】　　全株入药，有活血散瘀之效。

93. 东南悬钩子 *Rubus tsangorum* Hand.-Mazz

【形态特征】 藤状小灌木，高 0.3 ～ 1.5 米；枝具长柔毛和长短不等的紫红色腺毛及刺毛，有时有稀疏针刺。单叶，近圆形或宽卵形，直径 6 ～ 14 厘米，顶端急尖或短渐尖，基部深心形，上面具柔毛，沿主脉有疏腺毛，下面被薄层绒毛，沿叶脉并有长柔毛和疏腺毛，成长时绒毛逐渐脱落，老时仅有柔毛残留，边缘明显 3 ～ 5 浅裂，侧生裂片宽三角形。花常 5 ～ 20 朵成顶生和腋生近总状花序；苞片与托叶相似；花直径 1 ～ 2 厘米；萼筒杯状，长约 5 毫米；萼片狭三角状披针形，长 7 ～ 12 毫米，长渐尖，顶端深裂成 2 ～ 3 枚披针形裂片，在果期常直立；花瓣宽倒卵形，长 6 ～ 7 毫米，比萼片短得多，基部近无爪，白色；雄蕊长约 5 毫米，线形；雌蕊多数，比雄蕊长很多，子房无毛。果实近球形，红色，无毛；核具明显皱纹。花期 5—7 月，果期 8—9 月。

【分布】 福建产德化、福清、福州、永泰、永安、将乐、泰宁、南平、建阳、武夷山、邵武、光泽。产江西、安徽、湖南、浙江、福建、广东、广西等省区。生海拔 150 ～ 1 200 米的山地疏密林下或灌丛中。

【用途】 果酸甜可食。

94. 光滑悬钩子 *Rubus tsangii* Merr.

【形态特征】　　亚灌木，高达60厘米，嫩枝疏生头状腺毛，有时被黄色腺点，枝条无毛也无刺。羽状复叶有小叶7～9片，连同叶柄长15～25厘米；小叶卵状披针形至长圆披针形，长3～9厘米，宽1～2.5厘米，顶端尾状长渐尖，基部阔楔形至近圆形，两侧稍不等，边缘具重锯齿，上面疏生柔毛，下面有黄色发亮腺点，无毛，叶轴、叶柄无毛；托叶长5毫米，绿色，无毛。花单朵至数朵，顶生，花梗及萼片外面疏生头状腺毛，萼片边缘及顶端密被微柔毛；花瓣白色。果卵球形，红色，小瘦果疏生头状腺毛。

【分布】　　福建产武夷山。分布广东、广西、四川、贵州、浙江等省区。

【用途】　　果甜可食，根、茎、叶、果实均可入药，根性味微苦、辛、平，具有祛风除湿、活血化淤、解毒敛疮的功效，主治风湿腰痛、痢疾、遗精、毒蛇咬伤、闭经痛经、湿疹、小儿疳积等症，是一种常用的苗药。

（刘兴剑　摄）

95. 红腺悬钩子 *Rubus sumatranus* Miquel

【形态特征】 直立或攀援灌木；小枝、叶轴、叶柄、花梗和花序均被紫红色腺毛、柔毛和皮刺；腺毛长短不等，长者达 4～5 毫米，短者 1～2 毫米。小叶 5～7 枚，稀 3 枚，卵状披针形至披针形，长 3～8 厘米，宽 1.5～3 厘米，顶端渐尖，基部圆形，两面疏生柔毛，沿中脉较密。花 3 朵或数朵成伞房状花序，稀单生；花梗长 2～3 厘米；苞片披针形；花直径 1～2 厘米；花萼被长短不等的腺毛和柔毛；萼片披针形，长 0.7～1 厘米，宽 0.2～0.4 厘米，顶端长尾尖，在果期反折；花瓣长倒卵形或匙状，白色，基部具爪；花丝线形；雌蕊数可达 400，花柱和子房均无毛。果实长圆形，长 1.2～1.8 厘米，橘红色，无毛。花期 4—6 月，果期 7—8 月。

【分布】 福建全省习见，产湖北、湖南、江西、安徽、浙江、福建、台湾、广东、广西、四川、贵州、云南、西藏等省区。生山地、山谷疏密林内、林缘、灌丛内、竹林下及草丛中，海拔达 2 000 米。

【用途】 果可食。根入药，有清热、解毒、利尿之效。

96. 高粱泡 *Rubus lambertianus* Seringe

【形态特征】　　半落叶藤状灌木，高达 3 米；枝幼时有细柔毛或近无毛，有微弯小皮刺。单叶宽卵形，稀长圆状卵形，长 5 ~ 10 厘米，宽 1 ~ 8 厘米，顶端渐尖，基部心形，上面疏生柔毛或沿叶脉有柔毛，下面被疏柔毛，沿叶脉毛较密，中脉上常疏生小皮刺，边缘明显 3 ~ 5 裂或呈波状，有细锯齿；叶柄长 2 ~ 4 厘米，具细柔毛或近于无毛，有稀疏小皮刺；托叶离生，线状深裂，有细柔毛或近无毛，常脱落。圆锥花序顶生，生于枝上部叶腋内的花序常近总状，有时仅数朵花簇生于叶腋；雄蕊多数，稍短于花瓣，花丝宽扁；雌蕊约 15 ~ 20，通常无毛。果实小，近球形，直径约 6 ~ 8 毫米，由多数小核果组成，无毛，熟时红色；核较小，长约 2 毫米，有明显皱纹。花期 7—8月，果期 9—11 月。

【分布】　　福建全省习见，产河南、湖北、湖南、安徽、江西、江苏、浙江、福建、台湾、广东、广西、云南等省区。生低海山坡、山谷或路旁灌木丛中阴湿处或生于林缘及草坪。

【用途】　　果熟后食用及酿酒；根叶供药用，有清热散瘀、止血之效；种子药用，也可榨油作发油用。

97. 空心泡 *Rubus rosaefolius* Smith

【形态特征】　　直立或攀援灌木，高2～3米；小枝圆柱形，具柔毛或近无毛，常有浅黄色腺点，疏生较直立皮刺。小叶5～7枚，卵状披针形或披针形，长3～5厘米，宽1.5～2厘米，顶端渐尖，基部圆形，两面疏生柔毛，老时几无毛，有浅黄色发亮的腺点，下面沿中脉有稀疏小皮刺，边缘有尖锐缺刻状重锯齿；叶柄长2～3厘米，顶生小叶柄长0.8～1.5厘米，和叶轴均有柔毛和小皮刺，有时近无毛，被浅黄色腺点；托叶卵状披针形或披针形，具柔毛；花常1～2朵，顶生或腋生；花梗长2～3.5厘米，有较稀或较密柔毛，疏生小皮刺，有时被腺点；花直径2～3厘米；雌蕊很多，花柱和子房无毛；花托具短柄。果实卵球形或长圆状卵圆形，长1～1.5厘米，红色，有光泽，无毛；核有深窝孔。花期3—5月，果期6—7月。

【分布】　　福建产厦门、南靖、泉州、福州、三明、古田、南平。分布于江西、湖南、安徽、浙江、福建、台湾、广东、广西、四川、贵州等省区。生山地杂木林内阴处、草坡或高山腐植质土壤上，海拔达2 000米。印度、缅甸、泰国、老挝、越南、柬埔寨、日本、印度尼西亚（爪哇）、大洋洲、非洲、马达加斯加也有。

【用途】　　果可食。根、嫩枝及叶入药，味苦、甘、涩，性凉，有清热止咳、止血、祛风湿之效。

98. 插田泡 *Rubus coreanus* Miquel

【形态特征】 灌木，高1～3米；枝粗壮，红褐色，被白粉，具近直立或钩状扁平皮刺。小叶通常5枚，稀3枚，卵形、菱状卵形或宽卵形，长3～8厘米，宽2～5厘米，顶端急尖，基部楔形至近圆形；托叶线状披针形，有柔毛。伞房花序生于侧枝顶端，具花数朵至30多朵，总花梗和花梗均被灰白色短柔毛；花梗长5～10毫米；苞片线形，有短柔毛；花直径7～10毫米；花萼外面被灰白色短柔毛；萼片长卵形至卵状披针形，长4～6毫米，顶端渐尖，边缘具绒毛，花时开展，果时反折；花瓣倒卵形，淡红色至深红色，与萼片近等长或稍短；雄蕊比花瓣短或近等长，花丝带粉红色；雌蕊多数；花柱无毛，子房被稀疏短柔毛。果实近球形，直径5～8毫米，深红色至紫黑色，无毛或近无毛；核具皱纹。花期4—6月，果期6—8月。

【分布】 福建省各地习见。产陕西、甘肃、河南、江西、湖北、湖南、江苏、浙江、福建、安徽、四川、贵州、新疆等省区。朝鲜和日本也有分布。生海拔100～1 700米的山坡灌丛或山谷、河边、路旁。

【用途】 果实味酸甜可生食、熬糖及酿酒，又可入药，为强壮剂；根有止血、止痛之效；叶能明目。

99. 大红泡 *Rubus eustephanus* Focke ex Diels

【形态特征】 灌木，高 0.5 ～ 2 米；小枝灰褐色，常有棱角，无毛，疏生钩状皮刺。小叶 3 ～ 5 枚，卵形、椭圆形、稀卵状披针形，长 2 ～ 5 厘米，宽 1 ～ 3 厘米，顶端渐尖至长渐尖，基部圆形，幼时两面疏生柔毛，老时仅下面沿叶脉有柔毛，沿中脉有小皮刺，边缘具缺刻状尖锐重锯齿。花常单生，稀 2 ～ 3 朵，常生于侧生小枝顶端；花梗长 2.5 ～ 5 厘米，无毛，疏生小皮刺，常无腺毛，但其变种疏生短腺毛；苞片和托叶相似；花大，开展时直径 3 ～ 4 厘米；花萼无毛；萼片长圆披针形，顶端钻状长渐尖，内萼片边缘有绒毛，花后开展，果时常反折；花瓣椭圆形或宽卵形，白色，长于萼片；雄蕊多数，花丝线形；雌蕊很多，子房和花柱无毛。果实近球形，直径达 1 厘米，红色，无毛。核较平滑或微皱。花期 4—5 月，果期 6—7 月。

【分布】 福建产武夷山。产浙江、陕西、湖北、湖南、四川、贵州等省区。生山麓潮湿地、山坡密林下或河沟边灌丛中，海拔 500 ～ 2 310 米。

【用途】 果甜可食。根皮含鞣质可提制栲胶。

100. 香莓 *Rubus pungens* var. *oldhamii* (Miquel) Maximowicz

【形态特征】 匍匐灌木，高达 3 米；枝圆柱形，幼时被柔毛，老时脱落，常具较稠密的直立针刺。小叶常 5～7 枚，稀 3 或 9 枚，卵形、三角卵形或卵状披针形，长 2～5 厘米，宽 1～3 厘米，顶端急尖至短渐尖，顶生小叶常渐尖，基部圆形至近心形，上面疏生柔毛，下面有柔毛或仅在脉上有柔毛，边缘具尖锐重锯齿或缺刻状重锯齿，顶生小叶常羽状分裂。花单生或 2～4 朵成伞房状花序，顶生或腋生；花梗长 2～3 厘米，有柔毛和小针刺，或有疏腺毛；花直径 1～2 厘米；雄蕊多数，直立，长短不等，花丝近基部稍宽扁；雌蕊多数。果实近球形，红色，直径 1～1.5 厘米，具柔毛或近无毛；核卵球形，长 2～3 毫米，有明显皱纹。花期 4—5 月，果期 7—8 月。

【分布】 福建产于武夷山、南平。分布陕西、甘肃、四川、云南、西藏等省区。生山坡林下、林缘或河边，海拔 2 200～3 300 米。

【用途】 果实可生食或制作果酱、酿酒。根供药用，有清热解毒、活血止痛之效。

101. 寒莓 *Rubus buergeri* Miquel

【形态特征】　　直立或匍匐小灌木，茎常伏地生根，出长新株；匍匐枝长达 2 米，与花枝均密被绒毛状长柔毛，无刺或具稀疏小皮刺。单叶，卵形至近圆形，直径 5 ～ 11 厘米，顶端圆钝或急尖，基部心形，边缘 5 ～ 7 浅裂，裂片圆钝，有不整齐锐锯齿，基部具掌状 5 出脉，侧脉 2 ～ 3 对；叶柄长 4 ～ 9 厘米，密被绒毛状长柔毛，无刺或疏生针刺；托叶离生，早落，掌状或羽状深裂，裂片线形或线状披针形，具柔毛。花成短总状花序，顶生或腋生，或花数朵簇生于叶腋、总花梗和花梗密被绒毛状长柔毛，无刺或疏生针刺；花梗长 0.5 ～ 0.9 厘米；花瓣倒卵形，白色，几与萼片等长；雄蕊多数，花丝线形，无毛；雌蕊无毛，花柱长于雄蕊。果实近球形，直径 6 ～ 10 毫米，紫黑色，无毛；核具粗皱纹。花期 7—8 月，果期 9—10 月。

【分布】　　福建产上杭、连城、三明、福州、建阳、武夷山。分布于广东、广西、湖南、湖北、四川、江西、浙江、安徽、台湾等省区。

【用途】　　果味甜、微酸，可鲜食、酿酒、制醋、制果汁和做果酱等。

（陈新艳　摄）

102. 茅莓 *Rubus parvifolius* Linnaeus

【形态特征】 灌木，高 1～2 米；枝呈弓形弯曲，被柔毛和稀疏钩状皮刺；小叶 3 枚，在新枝上偶有 5 枚，菱状圆形或倒卵形，长 2.5～6 厘米，宽 2～6 厘米，顶端圆钝或急尖，基部圆形或宽楔形，上面伏生疏柔毛，下面密被灰白色绒毛，边缘有不整齐粗锯齿或缺刻状粗重锯齿，常具浅裂片；叶柄长 2.5～5 厘米，顶生小叶柄长 1～2 厘米，均被柔毛和稀疏小皮刺；托叶线形，长约 5～7 毫米，具柔毛。伞房花序顶生或腋生，稀顶生花序成短总状，具花数朵至多朵，被柔毛和细刺；花梗长 0.5～1.5 厘米，具柔毛和稀疏小皮刺；花瓣卵圆形或长圆形，粉红至紫红色，基部具爪；雄蕊花丝白色，稍短于花瓣；子房具柔毛。果实卵球形，直径 1～1.5 厘米，红色，无毛或具稀疏柔毛；核有浅皱纹。花期 5—6 月，果期 7—8 月。

【分布】 全省习见；我国除内蒙古、青海、新疆、西藏外广布。日本、朝鲜、越南也有。生灌木丛中。

【用途】 果味酸甜，可鲜食、酿酒、制醋、制果汁和做果酱等。果为强壮剂。根或茎、叶入药，苦涩，性凉，有清热凉血、散解、止痛、利尿、消肿之功效，适用于感冒发热、咽喉肿痛、咯血、吐血、痢疾、肝炎、肝脾肿大、肾炎水肿、泌尿系统感染、结石、月经不调、白带多、风湿骨痛等症，外用可治湿疹、皮炎。

103. 木莓 *Rubus swinhoei* Hance

【形态特征】　落叶或半常绿灌木，高1～4米；茎细而圆，暗紫褐色，幼时具灰白色短绒毛，老时脱落，疏生微弯小皮刺。单叶，叶形变化较大，自宽卵形至长圆披针形，长5～11厘米，宽2.5～5厘米，顶端渐尖，基部截形至浅心形；叶柄长5～10毫米，被灰白色绒毛，有时具钩状小皮刺；托叶卵状披针形，稍有柔毛，长5～8毫米，宽约3毫米，全缘或顶端有齿，膜质，早落。花常5～6朵，成总状花序；总花梗、花梗和花萼均被1～3毫米长的紫褐色腺毛和稀疏针刺；花直径1～1.5厘米；花瓣白色，宽卵形或近圆形，有细短柔毛；雄蕊多数，花丝基部膨大，无毛；雌蕊多数，比雄蕊长很多，子房无毛。果实球形，直径1～1.5厘米，由多数小核果组成，无毛，成熟时由绿紫红色转变为黑紫色，味酸涩；核具明显皱纹。花期5—6月，果期7—8月。

【分布】　福建产福州、连城、永安、沙县、泰宁、三明、宁德、南平、武夷山；分布于广东、广西、湖南、湖北、贵州、四川、台湾、江西、浙江、安徽、江苏、陕西等省区。生于山坡溪林中。

【用途】　果可食，略带苦味，风味差。

104. 山莓 *Rubus corchorifolius* Linnaeus f

【形态特征】　　直立灌木，高 1～3 米；枝具皮刺，幼时被柔毛。单叶，卵形至卵状披针形，长 5～12 厘米，宽 2.5～5 厘米，顶端渐尖，基部微心形，有时近截形或近圆形；叶柄长 1～2 厘米，疏生小皮刺，幼时密生细柔毛；托叶线状披针形，具柔毛。花单生或少数生于短枝上；花梗长 0.6～2 厘米，具细柔毛；花直径可达 3 厘米；花萼外密被细柔毛，无刺；萼片卵形或三角状卵形，长 5～8 毫米，顶端急尖至短渐尖；花瓣长圆形或椭圆形，白色，顶端圆钝，长 9～12 毫米，宽 6～8 毫米，长于萼片；雄蕊多数，花丝宽扁；雌蕊多数，子房有柔毛。果实由很多小核果组成，近球形或卵球形，直径 1～1.2 厘米，红色，密被细柔毛；核具皱纹。花期 2—3 月，果期 4—6 月。

【分布】　　福建全省习见。除东北、内蒙古、青海、新疆、西藏外全国广布。日本、朝鲜、越南、缅甸也有分布。

【用途】　　果味甜酸，可鲜食、酿酒、制醋、做果酱等。果性平，有醒酒、止渴、祛痰、解毒之功效，适用于通风、丹毒、遗精等症。

105. 太平莓 *Rubus pacificus* Hance

【形态特征】 常绿矮小灌木，高 40 ～ 100 厘米；枝细，圆柱形，微拱曲，幼时具柔毛，老时脱落，疏生细小皮刺。单叶，革质，宽卵形至长卵形，长 8 ～ 16 厘米，宽 5 ～ 13 厘米，顶端渐尖，基部心形；叶柄长 4 ～ 8 厘米，幼时具柔毛，老时脱落，疏生小皮刺；托叶大，棕色，叶状，长圆形，长达 2.5 厘米，具柔毛，近顶端较宽并缺刻状条裂，裂片披针形。花 3 ～ 6 朵成顶生短总状或伞房状花序，或单生于叶腋；总花梗、花梗和花萼密被绒毛状柔毛；花大，直径 1.5 ～ 2 厘米；花瓣白色，顶端微缺刻状，基部具短爪，稍长于萼片；雄蕊多数，花丝宽扁，花药具长柔毛；雌蕊很多，无毛，稍长于雄蕊。果实球形，直径 1.2 ～ 1.6 厘米，红色，无毛；核具皱纹。花期 6—7 月，果期 8—9 月。

【分布】 福建产泰宁、武夷山、光泽。产湖南、江西、安徽、江苏、浙江、福建等省区。生海拔 300 ～ 1 000 米的山地路旁或杂木林内。

【用途】 果可食，风味好。全株入药，有清热活血之效。

（张美娇 摄）

106. 锈毛莓 *Rubus reflexus* Ker Gawler

【形态特征】 攀援灌木，高达2米。枝被锈色绒毛状毛，有稀疏小皮刺。单叶，心状长卵形，长7～14厘米，宽5～11厘米；叶柄长2.5～5厘米，被绒毛并有稀疏小皮刺；托叶宽倒卵形，长宽各约1～1.4厘米，被长柔毛，梳齿状或不规则掌状分裂，裂片披针形或线状披针形。花数朵团集生于叶腋或成顶生短总状花序；总花梗和花梗密被锈色长柔毛；花梗很短，长3～6毫米；苞片与托叶相似；花直径1～1.5厘米；花萼外密被锈色长柔毛和绒毛；萼片卵圆形，外萼片顶端常掌状分裂，裂片披针形，内萼片常全缘；花瓣长圆形至近圆形，白色，与萼片近等长；雄蕊短，花丝宽扁，花药无毛或顶端有毛；雌蕊无毛。果实近球形，深红色；核有皱纹。花期6—7月，果期8—9月。

【分布】 福建产连城、南平、武夷山、光泽。分布于广东、广西、湖南、江西、浙江等省区。

【用途】 果味酸甜，可鲜食、酿酒、制醋、制果汁和做果酱等。

（陈新艳 摄） （叶喜阳 摄）

107. 腺毛莓 *Rubus adenophorus* Rolfe

【形态特征】　　蔓性灌木；枝条被柔毛和红色有柄腺毛，且疏生皮刺。羽状复叶有小叶 3 片，连同叶柄长 12～20 厘米，小叶卵形，长 3～12 厘米，宽 2～7 厘米，顶生小叶远较大，顶端短尖至渐尖，基部近圆形，边缘有不整齐的重锯齿，上面疏生贴伏柔毛和腺点，下面沿叶脉毛较密；叶柄疏生柔毛和有柄腺毛，无刺或有数个小皮刺；托叶线形，长约 1 厘米，被柔毛及有柄腺毛。花序总状或圆锥状，顶生或生于枝条顶端叶腋；花序轴、苞片、花梗及萼片密被柔毛及头状腺毛；萼片椭圆形，长约 5 毫米；花瓣紫红色，边缘啮蚀状。聚合果球形，直径约 1 毫米，红色，多汁。花期 3—6 月。果期5—7 月。

【分布】　　福建产泰宁、福鼎、武夷山；分布于广东、广西、湖南、湖北、贵州、江西、浙江等省区。生山坡灌木丛中。

【用途】　　果实可食也可入药，可活血调气，止痛，止痢。

（陈新艳　摄）　（陈新艳　摄）

108. 灰白毛莓 *Rubus tephrodes* Hance

【形态特征】 攀援灌木，高达 3～4 米；枝密被灰白色绒毛，疏生微弯皮刺，并具疏密及长短不等的刺毛和腺毛，老枝上刺毛较长。单叶，近圆形，顶端急尖或圆钝，基部心形，上面有疏柔毛或疏腺毛，下面密被灰白色绒毛，侧脉 3～4 对，主脉上有时疏生刺毛和小皮刺，基部有掌状 5 出脉，边缘有明显 5～7 圆钝裂片和不整齐锯齿；叶柄具绒毛，疏生小皮刺或刺毛及腺毛；托叶小，离生，脱落，深条裂或梳齿状深裂，有绒毛状柔毛。大型圆锥花序顶生；总花梗和花梗密被绒毛或绒毛状柔毛，通常仅总花梗的下部有稀疏刺毛或腺毛；花梗短；苞片与托叶相似；花萼外密被灰白色绒毛，通常无刺毛或腺毛；萼片卵形，顶端急尖，全缘；花瓣小，白色，近圆形至长圆形，比萼片短；雄蕊多数，花丝基部稍膨大；雌蕊约 30～50，无毛，长于雄蕊。果实球形，较大，紫黑色，无毛，由多数小核果组成；核有皱纹。花期 6—8 月，果期 8—10 月。

【分布】 产湖北、湖南、江西、安徽、福建、台湾、广东、广西、贵州等省区。生于山坡、路旁或灌丛中，海拔达 1 500 米。

【用途】 根可入药，能祛风湿、活血调经；叶可止血；种子为强壮剂。

109. 掌叶复盆子 *Rubus chingii* H. H. Hu

【形态特征】 藤状灌木，高 1.5～3 米；枝细，具皮刺，无毛。单叶，近圆形，直径 4～9 厘米，两面仅沿叶脉有柔毛或几无毛，基部心形，边缘掌状，深裂，稀 3 或 7 裂，裂片椭圆形或菱状卵形，顶端渐尖，基部狭缩，顶生裂片与侧生裂片近等长或稍长，具重锯齿，有掌状 5 脉；叶柄长 2～4 厘米，微具柔毛或无毛，疏生小皮刺；托叶线状披针形。单花腋生，直径 2.5～4 厘米；花梗长 2～3.5（或 4）厘米，无毛；萼筒毛较稀或近无毛；萼片卵形或卵状长圆形，顶端具凸尖头，外面密被短柔毛；花瓣椭圆形或卵状长圆形，白色，顶端圆钝，长 1～1.5 厘米，宽 0.7～1.2 厘米；雄蕊多数，花丝宽扁；雌蕊多数，具柔毛。果实近球形，红色，直径 1.5～2 厘米，密被灰白色柔毛；核有皱纹。花期 3—4 月，果期 5—6 月。

【分布】 福建产连城、柘荣、武夷山、邵武。分布于广西、江西、浙江、江苏、安徽等省区。日本也有分布。

【用途】 果味酸甜可口，可鲜食、酿酒、制醋、制果汁和做果酱等。果性温，有补肾固精、养肝明目之功效，叶为强壮剂，适用于遗精、滑精、遗尿、尿频、目暗昏花等症。

110. 蓬蘽 *Rubus hirsutus* Thunberg

【形态特征】 灌木，高 1～2 米；枝红褐色或褐色，被柔毛和腺毛，疏生皮刺。小叶 3～5 枚，卵形或宽卵形，长 3～7 厘米，宽 2～3.5 厘米，顶端急尖，顶生小叶顶端常渐尖，基部宽楔形至圆形，两面疏生柔毛，边缘具不整齐尖锐重锯齿；叶柄长 2～3 厘米，顶生小叶柄长约 1 厘米，稀较长，均具柔毛和腺毛，并疏生皮刺；托叶披针形或卵状披针形，两面具柔毛。花常单生于侧枝顶端，也有腋生；花梗长 2（或 3）～6 厘米，具柔毛和腺毛，或有极少小皮刺；苞片小，线形，具柔毛；花大，直径 3～4 厘米；花瓣倒卵形或近圆形，白色，基部具爪；花丝较宽；花柱和子房均无毛。果实近球形，直径 1～2 厘米，无毛。花期 4 月，果期 5—6 月。

【分布】 福建各地习见。产河南、江西、安徽、江苏、浙江、福建、台湾、广东等省区。生山坡路旁阴湿处或灌丛中，海拔达 1 500 米。朝鲜、日本也有分布。

【用途】 果甜可食。全株及根可入药，能消炎解毒、清热镇惊、活血及祛风湿。

111. 中南悬钩子 *Rubus grayanus* Maxim.

【形态特征】　　灌木，高 0.5 ～ 2 米；小枝棕褐色至紫褐色，具稀疏皮刺或近无刺，无毛。单叶，卵形至椭圆形，长 7 ～ 10 厘米，宽 3 ～ 6 厘米，顶端渐尖至尾尖，基部截形至心形，两面无毛或仅沿叶脉稍有柔毛；叶柄细，长 2 ～ 3 厘米，无毛，疏生小皮刺；托叶小，线形，无毛。花单生于短枝顶端，直径可达 2 厘米；花梗长 1 ～ 2.5 厘米，无毛，有时具稀疏腺毛；花萼外面无毛或仅于萼片边缘具绒毛；萼片卵状三角形，长 8 ～ 14 毫米，顶端尾尖，在果期开展或反折；花瓣红色；雄蕊多数，花丝紫红色；子房浅紫红色，无毛。果实卵球形，直径 1 ～ 1.2 厘米，黄红色，无毛；核具纹孔。花期 4 月，果期 5—6 月。

【分布】　　福建产连城、柘荣等地。分布于江西、湖南、浙江、广西等省区。生山坡、向阳山脊、谷地灌木丛中或溪边水旁杂木林下，海拔 500 ～ 1 100 米。

【用途】　　果甜可食。

（陈新艳　摄）　　（陈新艳　摄）

112. 尾叶悬钩子 *Rubus caudifolius* Wuzhi

【形态特征】　　攀援灌木；幼枝密被灰黄色至灰白色绒毛，老时逐渐脱落，疏生微弯短皮刺。单叶，革质，长圆状披针形或卵状披针形，边缘具浅细突尖锯齿，营养枝上的叶片边缘具较粗大锯齿；叶柄长 1.5 ～ 2.5 厘米，被灰黄色至灰白色绒毛；托叶长圆披针形，长 1 ～ 1.5 厘米，全缘，稀顶端浅裂。花成顶生或腋生总状花序，总花梗、花梗和花萼均密被灰黄色绒毛状柔毛；花梗长 1 ～ 1.5 厘米；苞片与托叶相似；花萼带紫红色；萼片三角状卵形至三角状披针形，顶端短尾尖，全缘。果实扁球形，未熟时红色，熟时黑色，无毛；核具皱纹。花期 5—6 月，果期 7—8 月。

【分布】　　福建产武夷山、宁德等地。分布于湖北、湖南、广西、贵州等省区。生山坡路旁密林内或杂木林中，海拔 800 ～ 2 200 米。

【用途】　　果实可食。

113. 福建悬钩子 *Rubus fujianensis* Yu et Lu

【形态特征】　攀援灌木，高 2～4 米；枝圆柱形，暗褐色，无毛。单叶，革质，长圆形至长圆披针形，顶端渐尖，基部圆形至截形，上面无毛，下面密被黄褐色绒毛，边缘近基部全缘，上半部有稀疏浅小锯齿，侧脉 8～10 对；叶柄长 1～1.5 厘米，幼时具锈色绒毛，老时脱落；托叶长圆披针形或卵状披针形，长 1～1.3 厘米，常全缘，脱落，幼时被平铺柔毛，老时无毛。花成顶生或腋生短总状花序；总花梗、花梗和花萼密被黄褐色绒毛状柔毛和针刺；花梗长 1.5～2.5 厘米；苞片与托叶相似，幼时具黄褐色绒毛，老时脱落；花大，直径达 2 厘米；萼片宽披针形，长 10～14 毫米，宽 5～7 毫米，顶端短渐尖，在果期常直立。果实近球形，直径 1～1.2 厘米，红色，无毛；核具皱纹。

【分布】　福建产武夷山、三明等地。生山坡杂木林下干燥地，海拔 1 400 米。

【用途】　果实可食。

花楸属 Sorbus

114. 黄山花楸 *Sorbus amabilis* Cheng ex Yu

【形态特征】　乔木，高达10米；小枝粗壮，圆柱形，黑灰色，具皮孔，嫩枝褐色，具褐色柔毛，逐渐脱落至老时近于无毛；冬芽长大，长卵形，先端渐尖，外被数枚暗红褐色鳞片，先端具褐色柔毛。奇数羽状复叶，基部的一对或顶端的一片稍小，长圆形或长圆披针形，先端渐尖，基部圆形，但两侧不等，一侧甚偏斜，边缘自基部或1/3以上部分有粗锐锯齿。复伞房花序顶生，总花梗和花梗密被褐色柔毛，逐渐脱落至果期近于无毛；萼筒钟状，外面无毛或近于无毛，内面仅在花柱着生处丛生柔毛；雄蕊20，短于花瓣；花柱3～4，稍短于雄蕊或约与雄蕊等长，基部密生柔毛。果实球形，直径6～7毫米，红色，先端具宿存闭合萼片。花期5月，果期9—10月。

【分布】　福建产武夷山，生于海拔2 000米以上的灌木丛中。分布于浙江、安徽等省区。

【用途】　果可食及酿酒；黄山花楸的树皮可提取栲胶。木材供作器具、车辆及模型用，树皮可作染料，纤维供造纸原料。

（陈彬　摄）

（陈彬　摄）

115. 水榆花楸 *Sorbus alnifolia* (Sieb. et Zucc.) K. Koch

【形态特征】　乔木，高达 20 米；小枝圆柱形，具灰白色皮孔，幼时微具柔毛，二年生枝暗红褐色，老枝暗灰褐色，无毛；冬芽卵形，先端急尖，外具数枚暗红褐色无毛鳞片。叶片卵形至椭圆卵形，先端短渐尖，基部宽楔形至圆形，边缘有不整齐的尖锐重锯齿，有时微浅裂，上下两面无毛或在下面的中脉和侧脉上微具短柔毛，直达叶边齿尖；无毛或微具稀疏柔毛。复伞房花序较疏松，总花梗和花梗具稀疏柔毛；萼筒钟状，外面无毛，内面近无毛；萼片三角形，先端急尖，外面无毛，内面密被白色绒毛；花瓣卵形或近圆形，先端圆钝，白色；雄蕊 20，短于花瓣；花柱 2，基部或中部以下合生，光滑无毛，短于雄蕊。果实椭圆形或卵形，红色或黄色，不具斑点或具极少数细小斑点，萼片脱落后果实先端残留圆斑。花期 5 月，果期 8—9 月。

【分布】　福建产武夷山，分布于湖北、河南、四川、江西、浙江、安徽、河北、辽宁、吉林、黑龙江、陕西、甘肃等省区。朝鲜、日本也有分布。生于海拔 1 600 米以上的疏林中。

【用途】　果实含糖，可食或酿酒。树冠圆锥形，秋季叶片转变成猩红色，为美丽观赏树。木材供作器具、车辆及模型用，树皮可作染料，纤维供造纸原料。

116. 石灰花楸 *Sorbus folgneri* (Schneid.) Rehd.

【形态特征】 乔木，高达 10 米；小枝圆柱形，具少数皮孔，黑褐色，幼时被白色绒毛；冬芽卵形，先端急尖，外具数枚褐色鳞片。叶片卵形至椭圆卵形，先端急尖或短渐尖，基部宽楔形或圆形，边缘有细锯齿或在新枝上的叶片有重锯齿和浅裂片，上面深绿色，无毛。复伞房花序具多花，总花梗和花梗均被白色绒毛；花梗长 5～8 毫米；花直径 7～10 毫米；萼筒钟状，外被白色绒毛，内面稍具绒毛；萼片三角卵形，先端急尖，外面被绒毛，内面微有绒毛；花瓣卵形，先端圆钝，白色；雄蕊 18～20，几与花瓣等长或稍长；花柱 2～3，近基部合生并有绒毛，短于雄蕊。果实椭圆形，红色，近平滑或有极少数不显明的细小斑点，2～3 室，先端萼片脱落后留有圆穴。花期 4—5月，果期 7—8 月。

【分布】 福建产泰宁、武夷山。分布于广东、广西、湖南、湖北、河南、云南、贵州、四川、江西、安徽、陕西、甘肃等省区。生于海拔 600 米以上疏林中。

【用途】 石灰花楸果可食，树姿优美，春开白花，秋结红果，十分秀丽。适宜于园林栽培观赏。木材可制作高级家具。

大 戟 科 Euphorbiaceae

五月茶属 Antidesma

117. 五月茶 *Antidesma bunius* (Linnaeus) Sprengel

【形态特征】　　乔木，高达 10 米；小枝有明显皮孔；除叶背中脉、叶柄、花萼两面和退化雌蕊被短柔毛或柔毛外，其余均无毛。叶片纸质，长椭圆形、倒卵形或长倒卵形，长 8 ～ 23 厘米，宽 3 ～ 10 厘米，顶端急尖至圆，有短尖头，基部宽楔形或楔形，叶面深绿色，常有光泽，叶背绿色。雄花序为顶生的穗状花序，长 6 ～ 17 厘米；雄花：花萼杯状，顶端 3 ～ 4 分裂，裂片卵状三角形；雄蕊 3 ～ 4，长 2.5 毫米；退化雌蕊棒状；雌花序为顶生的总状花序，长 5 ～ 18 厘米，雌花：花萼和花盘与雄花的相同；雌蕊稍长于萼片，子房宽卵圆形，花柱顶生，柱头短而宽，顶端微凹缺。核果近球形或椭圆形，长 8 ～ 10 毫米，直径 8 毫米，成熟时红色；果梗长约 4 毫米。染色体基数 x=13。花期 3—5 月，果期 6—11 月。

【分布】　　福建产于南靖、龙岩、仙游、福清、长乐、福州、宁德等地；分布于广东、广西、云南等省区。越南也有分布。生于常绿阔叶林中。

【用途】　　果微酸，供食用及制果酱。木材淡棕红色，纹理直至斜，结构细，材质软，适于作箱板用料。叶供药用，治小儿头疮；根叶可治跌打损伤。叶深绿，红果累累，为美丽的观赏树。

叶下珠属 Phyllanthus Linn.

118. 余甘子 *Phyllanthus emblica* Linnaeus

【形态特征】 乔木，高达 23 米，胸径 50 厘米；树皮浅褐色；枝条具纵细条纹，被黄褐色短柔毛。叶片纸质至革质，二列，线状长圆形，长 8～20 毫米，顶端截平或钝圆，有锐尖头或微凹，基部浅心形而稍偏斜。多朵雄花和 1 朵雌花或全为雄花组成腋生的聚伞花序；萼片 6；雄花：萼片膜质，黄色，长倒卵形或匙形，近相等；雄蕊 3，花药直立，长圆形，药室平行，纵裂；花粉近球形；雌花：花梗长约 0.5 毫米。蒴果呈核果状，圆球形，直径 1～1.3 厘米，外果皮肉质，绿白色或淡黄白色，内果皮硬壳质；种子略带红色，长 5～6 毫米，宽 2～3 毫米。花期 4—6 月，果期 7—9 月。

【分布】 福建产于诏安、漳浦、厦门、龙海、龙岩、漳平、晋江、惠安、莆田、福清等地；分布于江西、台湾、广东、广西、四川、贵州和云南等省区，中南半岛、印度和马来西亚也有分布。生于疏林下或山坡向阳处。

【用途】 果实初食酸涩，良久乃甘，故有余甘之称，可生食或渍制，又可供药用，能止渴化痰，消食积；树皮及叶富含单宁，可硝皮或染鱼网；叶煎水染丝，能不变色，可治皮炎、湿疹；种子可榨油；树药用，有收敛止泻、解郁定痛、清湿热、降血压等作用。

芸香科 Rutaceae

柑橘属 Citrus

119. 柚 *Citrus grandis* (L.)

【形态特征】　　乔木。嫩枝、叶背、花梗、花萼及子房均被柔毛，嫩叶通常暗紫红色，嫩枝扁且有棱。叶质颇厚，色浓绿，阔卵形或椭圆形，连翼叶长 9～16 厘米，宽 4～8 厘米，或更大，顶端钝或圆，有时短尖，基部圆，翼叶长 2～4 厘米，宽 0.5～3 厘米，个别品种的翼叶甚狭窄。总状花序，有时兼有腋生单花；花蕾淡紫红色，稀乳白色；花萼不规则 5～3 浅裂；花瓣长 1.5～2 厘米；雄蕊 25～35 枚，有时部分雄蕊不育；花柱粗长，柱头略较子房大。果圆球形，扁圆形，梨形或阔圆锥状，横径通常 10 厘米以上，淡黄或黄绿色；种子多达 200 余粒，亦有无子的，形状不规则，通常近似长方形，上部质薄且常截平，下部饱满，多兼有发育不全的，有明显纵肋棱，子叶乳白色，单胚。花期 4—5 月，果期 9—12 月。

【分布】　　福建省南北各地多有种植。长江以南各省区多有栽培。

【用途】　　果可食，柚皮可入药或加工成蜜饯，也别有风味。

金橘属 Fortunella

120. 金豆 *Fortunella chintou* (Swing.)

【形态特征】　高通常不超过 1 米的灌木，枝干上的刺长 1 ～ 3 厘米，花枝上的刺长不及 5 毫米。单叶，叶片椭圆形，稀倒卵状椭圆形，通常长 2 ～ 4 厘米，宽 1 ～ 1.5厘米，较小的长不及 1 厘米，宽约 4 毫米；雄蕊为花瓣数的 2 ～ 3 倍，花丝合生呈筒状，少数为两两合生，白色，花药淡黄色。果圆或椭圆形，横径 6 ～ 8 毫米，果顶稍浑圆，有短凸柱（柱头及花柱），果皮透熟时橙红色，厚 0.5 ～ 1 毫米，瓤囊 3 ～ 4 瓣，味淡或略带苦味，果肉味酸，有种子 2 ～ 4 粒；种子阔卵形或扁圆形，平滑无棱；端尖或钝，子叶及胚均绿色，多胚（可达 8 枚）。花期 4—5 月，果期 11 至翌年 1 月。

【分布】　福建产南平、永安、建阳等地。长江以南各省区有零星栽培或野生。

【用途】　果实常用于制作蜜饯，可作盆栽。

121. 山桔 *Fortunella hindsii* (Champ. ex Benth.)

【形态特征】　　有刺灌木，高达 2 米；嫩枝起棱，无毛。单身复叶，稀杂有几片单叶，叶片椭圆形，长 4 ～ 9 厘米，宽 2 ～ 4 厘米，顶端短尖、近圆形、钝或微凹，基部阔楔形至近圆形，全缘或稀具不明显细钝齿，两面无毛；叶柄长 4 ～ 10 毫米，翼叶宽达 1 毫米或仅具痕迹，与叶片连结处关节明显、易断。花单朵腋生或 2 ～ 3 朵簇生，5 基数，白色。果卵圆形，稀近圆形或稍扁，直径 8 ～ 10（或 15）毫米，橙黄色且稍带朱红色，果皮平滑；种子长圆形，子叶绿色。

【分布】　　福建全省习见。分布于广东、广西、湖南、江西等省区。生疏林中。

【用途】　　果可作蜜钱的调香原料。秋冬金黄色柑果密集枝梢，可制盆景供观赏。

122. 金柑 *Citrus japonica* **Thunberg**

【形态特征】 树高 2～5 米，枝有刺。小叶卵状椭圆形或长圆状披针形，长 4～8 厘米，宽 1.5～3.5 厘米，顶端钝或短尖，基部宽楔形；叶柄长 6～10 毫米，稀较长，翼叶狭至明显。花单朵或 2～3 朵簇生，花梗长稀超过 6 毫米；花萼裂片 5 或 4 片；花瓣长 6～8 毫米，雄蕊 15～25 枚，比花瓣稍短，花丝不同程度合生成数束，间有个别离生，子房圆球形，4～6 室，花柱约与子房等长。果圆球形，横径 1.5～2.5 厘米，果皮橙黄至橙红色，厚 1.5～2 毫米，味甜，油胞平坦或稍凸起，果肉酸或略甜；种子 2～5 粒，卵形，端尖或钝，基部圆，子叶及胚均绿色，单胚。花期 4—5 月，果期 11 月至翌年 2 月。

【分布】 福建全省习见。秦岭南坡以南各地栽种。

【用途】 鲜果可食，可作盆栽。

山小橘属 Glycosmis

123. 山小橘 *Glycosmis pentaphylla* (Retz.) Correa

【形态特征】 小乔木，高达5米。新梢淡绿色，略呈两侧压扁状。叶有小叶5片，有时3片，小叶柄长2～10毫米；小叶长圆形，稀卵状椭圆形，顶部钝尖或短渐尖，基部短尖至阔楔形，硬纸质，叶缘有疏离而裂的锯齿状裂齿，中脉在叶面至少下半段明显凹陷呈细沟状，侧脉每边12～22条；花序轴、小叶柄及花萼裂片初时被褐锈色微柔毛。圆锥花序腋生及顶生，多花，花蕾圆球形；萼裂片阔卵形，长不及1毫米；花瓣早落，长3～4毫米，白或淡黄色，油点多，花蕾期在背面被锈色微柔毛；雄蕊10枚，近等长，花丝上部最宽，顶部凸狭尖，向基部逐渐狭窄，药隔背面中部及顶部均有1油点；子房圆球形或有时阔卵形，花柱极短，柱头稍增粗，子房的油点干后明显凸起。果近圆球形，果皮多油点，淡红色。花期7—10月，果期翌年1—3月。

【分布】 福建中部、南部习见。分布于广东、广西、云南、贵州、台湾等省区。越南西北部、老挝、缅甸及印度东北部也有分布。生于海拔600～1 200米山坡或山沟杂木林中。

【用途】 根皮含 furoquinolines、acridones 及 quinazolines 类生物碱。

枳属 Poncirus

124. 枳 *Poncirus trifoiiata* (L.)

【形态特征】 小乔木，高1～5米，树冠伞形或圆头形。枝绿色，嫩枝扁，有纵棱，刺长达4厘米，刺尖干枯状，红褐色，基部扁平。叶柄有狭长的翼叶，小叶等长或中间的一片较大，长2～5厘米，宽1～3厘米。花单朵或成对腋生，有完全花及不完全花，后者雄蕊发育，雌蕊萎缩，花有大、小二型，花径3.5～8厘米；萼片长5～7毫米；花瓣白色，匙形，长1.5～3厘米；雄蕊通常20枚，花丝不等长。果近圆球形或梨形，大小差异较大，通常纵径3～4.5厘米，横径3.5～6厘米，果顶微凹，有环圈，果皮暗黄色，粗糙，也有无环圈，果皮平滑的，油胞小而密，果心充实，瓤囊6～8瓣，有种子20～50粒；种子阔卵形，乳白或乳黄色，有黏胶，平滑或间有不明显的细脉纹，长9～12毫米。花期5—6月，果期10—11月。

【分布】 福建全省柑、橙产区多有栽培作砧木。原产我国中部，现许多省区有栽培。

【用途】 枳除可作砧木、绿篱外，果可制干入药，俗称枳实或枳壳。

花椒属 Zanthoxylum

125. * 野花椒 *Zanthoxylum simulans* Hance

【形态特征】 灌木或小乔木；枝干散生基部宽而扁的锐刺，嫩枝及小叶背面沿中脉或仅中脉基部两侧或有时及侧脉均被短柔毛，或各部均无毛。叶有小叶 5～15 片；叶轴有狭窄的叶质边缘，腹面呈沟状凹陷。花序顶生，长 1～5 厘米；花被片 5～8 片，狭披针形、宽卵形或近于三角形，大小及形状有时不相同，长约 2 毫米，淡黄绿色；雄花的雄蕊 5～8 枚，花丝及半圆形凸起的退化雌蕊均淡绿色，药隔顶端有 1 干后暗褐黑色的油点；雌花的花被片为狭长披针形；心皮 2～3 个，花柱斜向背弯。果红褐色，分果瓣基部变狭窄且略延长 1～2 毫米呈柄状，油点多，微凸起，单个分果瓣径约 5 毫米；种子长约 4～4.5 毫米。花期 3—5 月，果期 7—9 月。

【分布】 福建产厦门、华安。分布于广东、广西、云南、台湾等省区。中南半岛至马来半岛、菲律宾、印度尼西亚、印度也有分布。

【用途】 果味辛辣，麻舌，常用于调味剂。温中除湿，祛风逐寒。有止痛、健胃、抗菌，驱蛔虫功效。台湾及江西民间有用其根治胃病。

桑 科 Moraceae

波罗蜜属 Artocarpus

126. 白桂木 *Artocarpus hypargyreus* Hance

【形态特征】　大乔木，树皮深紫色，片状剥落；幼枝被白色紧贴柔毛。叶互生，革质，椭圆形至倒卵形，长8～15厘米，宽4～7厘米，先端渐尖至短渐尖，基部楔形，全缘，幼树之叶常为羽状浅裂，表面深绿色，侧脉每边6～7条，网脉很明显，干时背面灰白色；托叶线形，早落。花序单生叶腋。雄花序椭圆形至倒卵圆形，长1.5～2厘米，直径1～1.5厘米；总柄长2～4.5厘米，被短柔毛；雄花花被4裂，裂片匙形，与盾形苞片紧贴，密被微柔毛，雄蕊1枚，花药椭圆形。聚花果近球形，直径3～4厘米，浅黄色至橙黄色，表面被褐色柔毛，微具乳头状凸起；果柄长3～5厘米，被短柔毛。

【分布】　福建分布于南靖、平和、华安、漳州、漳平、连城、德化等地。产广东、广西、云南、湖南等省区。生于山地路旁、林缘或常绿阔叶林中。

【用途】　成熟聚合果味酸甜，可生食，也可用作调味品的配料。木材坚硬，纹理细微，可供建筑用材或家具等原料用材。药用活血通络，清热开胃，收敛止血。

构属 Broussonetia

127. 小构树 *Broussonetia kazinoki* Siebold（楮）

【形态特征】　　灌木，高 0.5 ～ 3 米；小枝无毛。当年生枝近四棱形，枝上部叶常对生，革质，无毛，倒披针形至长圆形，长 2 ～ 4 厘米，宽 0.3 ～ 1.2 厘米，先端具短尖，基部楔形至宽楔形；叶柄长约 1 毫米，无毛。总状花序单生，顶生或腋生，花序梗长 2 ～ 4 厘米，花序轴在花时延长，稍肉质增厚，因而较花序梗粗壮，无毛；花梗短，长约 1 毫米，无毛，具关节，开花时花梗常向下弯；花黄色；花萼筒长约 1 厘米，裂片 5，长圆形，先端钝，边缘波状，长约 1 毫米；雄蕊 10，2 列，上列 5 枚着生在花萼筒的喉部，下列 5 枚着生在花萼筒的中部以上，花药长圆形，约长 1 毫米，花丝短；子房纺锤形，疏被绢状柔毛，花柱短，柱头头状；花盘鳞片 1 枚，线形。果小，圆柱形，基部狭，外包以宿存花萼。花期夏秋间，果期秋冬。

【分布】　　福建产德化、南平、古田。分布于广东、广西、云南、四川、湖南、湖北、江西、浙江、安徽、江苏等省区。日本、朝鲜也有分布。生于山坡路旁。

【用途】　　果甜可食，茎皮纤维可制人造棉、绳索及造纸。

128. 藤构 *Broussonetia kaempferi* Sieb. var. *australis* Suzuki

【形态特征】　　蔓藤状灌木；树皮黑褐色；小枝显著伸长，幼时被浅褐色柔毛，成长脱落。叶互生，螺旋状排列，近对称的卵状椭圆形，长 3.5～8 厘米，宽 2～3 厘米，先端渐尖至尾尖，基部心形或截形，边缘锯齿细，齿尖具腺体，不裂，稀为 2～3 裂，表面无毛，稍粗糙；叶柄长 8～10 毫米，被毛。花雌雄异株，雄花序短穗状，长 1.5～2.5 厘米，花序轴约 1 厘米；雄花花被片 4～3，裂片外面被毛，雄蕊 4～3，花药黄色，椭圆球形，退化雌蕊小；雌花集生为球形头状花序。聚花果直径 1 厘米，花柱线形，延长。花期 4—6 月，果期 5—7 月。

【分布】　　福建产南平、德化、武夷山等地，分布于浙江、湖北、湖南、安徽、江西、福建、广东、广西、云南、四川、贵州、台湾等省区。多生于海拔 308～1 000 米，山谷灌丛中或沟边山坡路旁。

【用途】　　果实味淡甜，有小倒钩。韧皮纤维为造纸优良原料。

129. 构树 *Broussonetia papyrifera* (Linnaeus) L'Héritier ex Ventenat

【形态特征】 乔木，高 10～20 米；树皮暗灰色；小枝密生柔毛。叶螺旋状排列，广卵形至长椭圆状卵形，长 6～18 厘米，宽 5～9 厘米，先端渐尖，基部心形，两侧常不相等，边缘具粗锯齿，不分裂或 3～5 裂，小树之叶常有明显分裂，表面粗糙，疏生糙毛，背面密被绒毛，基生叶脉三出，侧脉 6～7 对；叶柄长 2.5～8 厘米，密被糙毛；托叶大，卵形，狭渐尖，长 1.5～2 厘米，宽 0.8～1 厘米。花雌雄异株；雄花序为柔荑花序，粗壮，长 3～8 厘米，苞片披针形，被毛，花被 4 裂，裂片三角状卵形，被毛，雄蕊 4，花药近球形，退化雌蕊小；雌花序球形头状。聚花果直径 1.5～3 厘米，成熟时橙红色，肉质；瘦果具与等长的柄，表面有小瘤，龙骨双层，外果皮壳质。花期 4—5 月，果期 6—7 月。

【分布】 福建全省各地常见，分布于广东、广西、云南、贵州、四川、西藏、湖南、湖北、山西、陕西、甘肃等省区。越南、印度、日本、朝鲜也有分布。生于山坡或村旁。

【用途】 果实可生食或酿酒。果及根皮药用，有补肾利尿、强筋骨的功效.乳汁可治癣疮及蛇、虫、蜂、蝎等咬伤。 本种韧皮纤维可作造纸材料，也可制人造棉。

（刘兴剑 摄）

柘属 Cudrania

130. 葨芝 *Maclura cochinchinensis* (Loureiro) Corner（构棘）

【形态特征】　直立或攀援状灌木；枝无毛，具粗壮弯曲无叶的腋生刺，刺长约 1 厘米。叶革质，椭圆状披针形或长圆形，长 3～8 厘米，宽 2～2.5 厘米，全缘，先端钝或短渐尖，基部楔形，两面无毛，侧脉 7～10 对；叶柄长约 1 厘米。花雌雄异株，雌雄花序均为具苞片的球形头状花序，每花具 2～4 个苞片，苞片锥形，内面具 2 个黄色腺体，苞片常附着于花被片上；雄花序直径约 6～10 毫米，花被片 4，不相等，雄蕊 4，花药短，在芽时直立，退化雌蕊锥形或盾形；雌花序微被毛，花被片顶部厚，分离或万部合生，基有 2 黄色像体。聚合果肉质，直径 2～5 厘米，表面微被毛，成熟时橙红色，核果卵圆形，成熟时褐色，光滑。花期 4—5 月，果期 8—10 月。

【分布】　福建各地常见。产我国东南部至西南部的亚热带地区。斯里兰卡、印度、尼泊尔、不丹、缅甸、越南、中南半岛各国、马来西亚、菲律宾至日本及澳大利亚、新喀里多尼亚也有分布。多生于村庄附近或荒野。

【用途】　果可生食或酿酒。根药用，清热活血，舒筋活络。茎皮纤维可作绳索和造纸原料。心材煎汁可作黄色染料。

（黄世林　摄）

（黄世林　摄）

131. 柘树 *Maclura tricuspidata* Carrière

【形态特征】　落叶灌木或小乔木，高 1～7 米；树皮灰褐色，小枝无毛，略具棱，有棘刺，刺长 5～20 毫米；冬芽赤褐色。叶卵形或菱状卵形，偶为三裂，长 5～14 厘米，宽 3～6 厘米。雌雄异株，雌雄花序均为球形头状花序，单生或成对腋生，具短总花梗；雄花序直径 0.5 厘米，雄花有苞片 2 枚，附着于花被片上，花被片 4，肉质，先端肥厚，内卷，内面有黄色腺体 2 个，雄蕊 4，与花被片对生，花丝在花芽时直立，退化雌蕊锥形；雌花序直径 1～1.5 厘米，花被片与雄花同数，花被片先端盾形，内卷，内面下部有 2 黄色腺体，子房埋于花被片下部。聚花果近球形，直径约 2.5 厘米，肉质，成熟时橘红色。花期 4—5 月，果期 8—10 月。

【分布】　福建产南靖、龙岩、长汀、永安、将乐、南平、建阳、浦城、福州、宁德、古田。分布于长江以南各省区和河北、陕西、甘肃、辽宁等省区。生于山地林缘或路旁。朝鲜、越南、日本也有分布。

【用途】　果可生食或酿酒；茎皮纤维可以造纸、人造棉、绳索；根皮药用；嫩叶可以养蚕；木材心部黄色，质坚硬细致，可以作家具用或作黄色染料；也为良好的绿篱树种。

榕属 Ficus

132. 大果榕 *Ficus auriculata* Loureiro

【形态特征】 乔木或小乔木，树皮灰褐色，粗糙，幼枝被柔毛。叶互生，厚纸质，广卵状心形，先端钝，具短尖，基部心形，稀圆形，边缘具整齐细锯齿，表面无毛。榕果簇生于树干基部或老茎短枝上，大而梨形或扁球形至陀螺形，直径 3 ~ 5（或 6）厘米，具明显的纵棱 8 ~ 12 条，幼时被白色短柔毛，成熟脱落，红褐色，顶生苞片宽三角状卵形，4 ~ 5 轮覆瓦状排列而成莲座状，基生苞片 3 枚，卵状三角形；总梗长 4 ~ 6 厘米，粗壮，被柔毛；雄花，无柄，花被片 3，匙形，薄膜质，透明；瘿花花被片下部合生，上部 3 裂，微覆盖子房，花柱侧生，被毛，柱头膨大；雌花，生于另一植株榕果内，有或无柄，花被片 3 裂，子房卵圆形，花柱侧生，被毛，较瘿花花柱长。瘦果有黏液。花期 8 月至翌年 3 月，果期 5—8 月。

【分布】 福建省分布于厦门、福州等地，产海南、广西、云南、贵州（罗甸）、四川（西南部）等。印度、越南、巴基斯坦也有分布。多生于海拔 130 ~ 1 700 米，喜生于低山沟谷潮湿雨林中。

【用途】 榕果成熟味甜可食。

133. 无花果 *Ficus carica* Linnaeus

【形态特征】　落叶灌木，高 3 ～ 10 米，多分枝；树皮灰褐色，皮孔明显；小枝直立，粗壮。叶互生，厚纸质，广卵圆形，长宽近相等，10 ～ 20 厘米，通常 3 ～ 5 裂，小裂片卵形，边缘具不规则钝齿，表面粗糙，背面密生细小钟乳体及灰色短柔毛，基部浅心形，基生侧脉 3 ～ 5 条，侧脉 5 ～ 7 对；叶柄长 2 ～ 5 厘米，粗壮；托叶卵状披针形，长约 1 厘米，红色。雌雄异株，雄花和瘿花同生于一榕果内壁，雄花生内壁口部，花被片 4 ～ 5，雄蕊 3，有时 1 或 5，瘿花花柱侧生，短；雌花花被与雄花同，子房卵圆形，光滑，花柱侧生，柱头 2 裂，线形。榕果单生叶腋，大而梨形，直径 3 ～ 5 厘米，顶部下陷，成熟时紫红色或黄色，基生苞片 3，卵形；瘦果透镜状。果期 7—10 月。

【分布】　福建省引种栽培紫果品种和黄果品种，各地零星栽培，部分逸为野生。原产地中海沿岸。中国南部及各省区有栽培，但不甚普遍。

【用途】　果味甜可食或作蜜饯，还可酿酒，有助消化、清热、润肠的功效；根、叶能消肿解毒。

134. 天仙果 *Ficus erecta* Thunberg

【形态特征】 落叶小乔木或灌木，高 2～7 米；树皮灰褐色，小枝密生硬毛。叶厚纸质，倒卵状椭圆形，长 7～20 厘米，宽 3～9 厘米，先端短渐尖，基部圆形至浅心形，全缘或上部偶有疏齿，表面较粗糙，疏生柔毛，背面被柔毛，侧脉 5～7 对，弯拱向上，基生脉延长；叶柄长 1～4 厘米，纤细，密被灰白色短硬毛。托叶三角状披针形，膜质，早落。榕果单生叶腋，具总梗，球形或梨形，直径 1.2～2 厘米，幼时被柔毛和短粗毛，顶生苞片脐状，基生苞片 3，卵状三角形，成熟时黄红至紫黑色；雄花和瘿花生于同一榕果内壁，雌花生于另一植株的榕果中。花果期 5—7 月。

【分布】 福建全省全地较常见。分布于广东、广西、云南、贵州、湖南、江西、浙江、江苏、台湾等省区。日本、越南也有分布。生于山地、山谷、沟边或林下。

【用途】 果可食，茎皮纤维可供人造棉及造纸。根药用，有祛风除湿的功效。

135. 水同木 *Ficus fistulosa* Reinwardt ex Blume

【形态特征】　常绿小乔木，树皮黑褐色，枝粗糙，叶互生，纸质，倒卵形至长圆形，长 10～20 厘米，宽 4～7 厘米，先端具短尖，基部斜楔形或圆形，全缘或微波状，表面无毛，背面微被柔毛或黄色小突体；基生侧脉短，侧脉 6～9 对；叶柄长 1.5～4 厘米；托叶卵状披针形，长约 1.7 厘米。榕果簇生于老干发出的瘤状枝上，近球形，直径 1.5～2 厘米，光滑，成熟橘红色，不开裂，总梗长 8～24 毫米，雄花和瘿花生于同一榕果内壁；雄花，生于其近口部，少数，具短柄，花被片 3～4，雄蕊 1 枚，花丝短；瘿花，具柄，花被片极短或不存，子房光滑，倒卵形，花柱近侧生，纤细，柱头膨大；雌花，生于另一植株榕果内，花被管状，围绕果柄下部。瘦果近斜方形，表面有小瘤体，花柱长，棒状。花期 5—7 月。

【分布】　福建产南靖、平和、龙岩、泉州、安溪、惠安。分布于台湾、广东、广西、云南。越南也有。生于林缘、溪旁或山谷林中。

【用途】　花序托成熟时可食。皮可做纤维。

136. 琴叶榕 *Ficus pandurata* Hance

【形态特征】 小灌木，高1～2米；小枝。嫩叶幼时被白色柔毛。叶纸质，提琴形或倒卵形，长4～8厘米，先端急尖有短尖，基部圆形至宽楔形，中部缢缩，表面无毛，背面叶脉有疏毛和小瘤点，基生侧脉2，侧脉3～5对；叶柄疏被糙毛，长3～5毫米；托叶披针形，迟落。榕果单生叶腋，鲜红色，椭圆形或球形，直径6～10毫米，顶部脐状突起，基生苞片3，卵形，总梗长4～5毫米，纤细，雄花有柄，生榕果内壁口部，花被片4，线形，雄蕊3，稀为2，长短不一；瘿花有柄或无柄，花被片3～4，倒披针形至线形，子房近球形，花柱侧生，很短；雌花花被片3～4，椭圆形，花柱侧生，细长，柱头漏斗形。花期6—8月。

【分布】 福建厦门、长乐、福州、闽侯、连江、连城、龙岩、永安、南平、建宁、宁德等地分布。产广东、海南、广西、福建、湖南、湖北、江西、安徽（南部）、浙江等省区。越南也有分布。生于山地，旷野或灌丛林下。

【用途】 花序托成熟时可食。根药用，可舒筋活络。茎皮纤维可制人造棉和造纸。

137. 爱玉子 *Ficus pumila* var. *awkeotsang* (Makino) Corner

【形态特征】　攀援或匍匐灌木，叶两型，不结果枝节上生不定根，叶卵状心形，长约 2.5 厘米，薄革质，基部稍不对称，尖端渐尖，叶柄很短；结果枝上无不定根，革质，卵状椭圆形，长 5 ～ 10 厘米，宽 2 ～ 3.5 厘米，先端急尖至钝形，基部圆形至浅心形，全缘，上面无毛，背面被黄褐色柔毛，基生叶脉延长，网脉 3 ～ 4 对，在表面下陷，背面凸起，网脉甚明显，呈蜂窝状；托叶 2，披针形，被黄褐色丝状毛。榕果长圆形，长 6 ～ 8 厘米，直径 3 ～ 4 厘米，表面被毛，顶部渐尖，脐部凸起；总梗短，长约 1 厘米，密被粗毛；雄花，生榕果内壁口部，多数，排为几行，有柄，花被片 2 ～ 3，线形，雄蕊 2 枚，花丝短；瘿花具柄，花被片 3 ～ 4，线形，花柱侧生，短；雌花生另一植株榕一果内壁，花柄长，花被片 4 ～ 5。花果期 5—8 月。

【分布】　福建产福清、永泰；分布于台湾（模式产地，但多栽培）、浙江南部（乐清、北雁荡山）等省区。

【用途】　果实制作凉粉可食，称为"爱玉冻"。

138. 薜荔 *Ficus pumila* Linnaeus

【形态特征】 也称凉粉子、木莲、凉粉果、冰粉子，木馒头等。攀援或匍匐灌木，叶两型，不结果枝节上生不定根，叶卵状心形，长约 2.5 厘米，薄革质，基部稍不对称，尖端渐尖，叶柄很短；结果枝上无不定根，革质，卵状椭圆形，长 5～10 厘米，宽 2～3.5 厘米，先端急尖至钝形，基部圆形至浅心形，全缘，上面无毛，背面被黄褐色柔毛，基生叶脉延长，网脉 3～4 对，在表面下陷，背面凸起，网脉甚明显，呈蜂窝状；叶柄长 5～10 毫米；托叶 2，披针形，被黄褐色丝状毛。榕果单生叶腋，瘿花果梨形，雌花果近球形，长 4～8 厘米，直径 3～5 厘米，顶部截平，略具短钝头或为脐状凸起，基部收窄成一短柄，基生苞片宿存，三角状卵形，密被长柔毛，榕果幼时被黄色短柔毛，成熟黄绿色或微红。瘦果近球形，有黏液。花果期 5—8 月。

【分布】 福建全省各地较常见。分布于江西、浙江、安徽、江苏、台湾、湖南、广东、广西、贵州、云南东南部、四川及陕西等省区。北方偶有栽培。日本、越南北部也有分布。生于山地、山谷、沟边或林下。

【用途】 瘦果水洗可作凉粉，根、茎、藤、叶药用，有祛风除湿、活血通络、消肿解毒、补肾、通乳的功效。胶乳可提制橡胶。

139. 珍珠莲 *Ficus sarmentosa* Buch.-Ham. ex J. E. Sm. var. *henryi* (King ex Oliv.) Corner

【形态特征】 攀援或匍匐木质藤状灌木；小枝无毛，干后灰白色，具纵槽。叶排为二列，近革质，卵形至长椭圆形，长 8～12 厘米，宽 3～4 厘米。榕果单生叶腋，稀成对腋生，球形或近球形，微扁压，成熟紫黑色，光滑无毛，直径 1.5～2 厘米，顶部微下陷，基生苞片 3，三角形，长约 3 毫米，总梗长 5～15 毫米，榕果内壁散生刚毛，雄花，瘿花同生于一榕果内壁，雌花生于另一植株榕果内；雄花生内壁近口部，具柄，花被片 3～4；倒披针形，雄蕊 2 枚，花药有短尖，花丝极短；瘿花具柄，花被片 4，倒卵状匙形，子房椭圆形，花柱短，柱头浅漏斗形；雌花和瘿花相似，具柄，花被片匙形，子房倒卵圆形，花柱近顶生，柱头细长。瘦果卵状椭圆形，外被黏液一层。花期 5—7 月。

【分布】 福建产南靖、平和、龙岩、长乐、福州、永安、三明、南平、沙县、建瓯。产西藏（聂拉木、吉隆）。海拔 1 800～2 500 米林内。

【用途】 果实药用，清热解毒，消炎止泻。根药用，有祛风除湿、行气消肿的功效，可治关节风湿痛，脱白。

140. 青果榕 *Ficus variegate* Blume

【形态特征】 大树，高达 15 米，树皮灰色。叶互生，厚纸质，广卵形至卵状椭圆形，长 10～17 厘米，顶端渐尖或圆钝，基部圆形至浅心形，边缘波状或具浅疏锯齿；叶全缘；叶柄长 5～6.8 厘米，榕果基部收缩成短柄，成熟时绿色至黄色。花被合生。花果期春季至秋季。

【分布】 福建产南靖、平和、华安、龙海。越南、泰国也有分布。分布于广东、广西。生于疏林中或村旁。

【用途】 花序托成熟时味甜可食。茎皮纤维可制麻布和麻袋。

桑属 Morus Linn.

141. 桑 *Morus alba* Linnaeus

【形态特征】　乔木或为灌木，高 3 ～ 10 米或更高，胸径可达 50 厘米，树皮厚，灰色，具不规则浅纵裂；冬芽红褐色，卵形，芽鳞覆瓦状排列，灰褐色，有细毛；小枝有细毛。叶卵形或广卵形，长 5 ～ 15 厘米，宽 5 ～ 12 厘米，先端急尖、渐尖或圆钝，基部圆形至浅心形，边缘锯齿粗钝，有时叶为各种分裂，表面鲜绿色，无毛，背面沿脉有疏毛，脉腋有簇毛；叶柄长 1.5 ～ 5.5 厘米，具柔毛；托叶披针形，早落，外面密被细硬毛。花单性，腋生或生于芽鳞腋内，与叶同时生出；雄花序下垂，长 2 ～ 3.5 厘米，密被白色柔毛；雌花序长 1 ～ 2 厘米，被毛，总花梗长 5 ～ 10 毫米被柔毛，雌花无梗，花被片倒卵形，顶端圆钝，外面和边缘被毛。聚花果卵状椭圆形，长 1 ～ 2.5 厘米，成熟时红色或暗紫色。花期 4—5 月，果期 5—8 月。

【分布】　福建全省各地均有栽培。原产于我国中部和北部，各地均有栽培。朝鲜、日本、蒙古、欧洲也有分布。

【用途】　果可生食或酿酒。树皮纤维柔细，可作纺织原料、造纸原料；根皮、果实及枝条入药，有清肺热、祛风湿、补肝肾的功效。叶为养蚕的主要饲料，亦作药用，并可作土农药。木材坚硬，可制家具、乐器、雕刻等。

142. 鸡桑 *Morus australis* Poiret

【形态特征】 灌木或小乔木，树皮灰褐色，冬芽大，圆锥状卵圆形。叶卵形，长5～14厘米，宽3.5～12厘米，先端急尖或尾状，基部楔形或心形，边缘具粗锯齿，不分裂或3～5裂，表面粗糙，密生短刺毛，背面疏被粗毛；叶柄长1～1.5厘米，被毛；托叶线状披针形，早落。雄花序长1～1.5厘米，被柔毛，雄花绿色，具短梗，花被片卵形，花药黄色；雌花序球形，长约1厘米，密被白色柔毛，雌花花被片长圆形，暗绿色，花柱很长，柱头2裂，内面被柔毛。聚花果短椭圆形，直径约1厘米，成熟时红色或暗紫色。花期3—4月，果期4—5月。

【分布】 福建产三明、泰宁、建瓯。分布于台湾、广东、广西、四川、贵州、河北、陕西、甘肃、山东、安徽、江西、福建、河南、湖北、湖南等省区。朝鲜、日本、中南半岛、印度也有分布。生于山坡林下。

【用途】 果食成熟时味甜可食，又可酿酒和制醋。韧皮纤维可以造纸和人造棉。

143. 华桑 *Morus cathayana* Hemsley.

【**形态特征**】　小乔木或为灌木；树皮灰白色，平滑；小枝幼时被细毛，成长后脱落，皮孔明显。叶厚纸质，广卵形或近圆形，长 8 ～ 20 厘米，宽 6 ～ 13 厘米，先端渐尖或短尖，基部心形或截形，略偏斜，边缘具疏浅锯齿或钝锯齿，有时分裂，表面粗糙，疏生短伏毛，基部沿叶脉被柔毛，背面密被白色柔毛；叶柄长 2 ～ 5 厘米，粗壮，被柔毛；托叶披针形。花雌雄同株异序，雄花序长 3 ～ 5 厘米，雄花花被片 4，黄绿色，长卵形，外面被毛，雄蕊 4，退化雌蕊小；雌花序长 1 ～ 3 厘米，雌花花被片倒卵形，先端被毛，花柱短，柱头 2 裂，内面被毛。聚花果圆筒形，长 2 ～ 3 厘米，成熟时白色、红色或紫黑色。花期 4—5 月，果期 5—6 月。

【**分布**】　福建分布于南平等地。产河北、山东、河南、江苏、陕西、湖北、安徽、浙江、湖南、四川等地。常生于海拔 900 ～ 1 300 米的向阳山坡或沟谷，性耐干旱。

【**用途**】　果可酿酒。茎皮纤维可造纸和制人造棉。

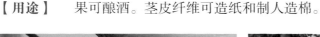

（陈新艳　摄）

（陈彬　摄）

（陈彬　摄）

漆树科 Anacardiaceae

南酸枣属 Choerospondias

144. 南酸枣 *Choerospondias axillaris* (Roxburgh) B. L. Burtt & A. W. Hill

【形态特征】 落叶乔木，也称山枣、五眼果、鼻涕果等，高 8 ～ 20 米；树皮灰褐色，片状剥落，小枝粗壮，暗紫褐色，无毛，具皮孔。奇数羽状复叶长 25 ～ 40 厘米，有小叶 3 ～ 6 对，叶轴无毛，叶柄纤细，基部略膨大。苞片小；花萼外面疏被白色微柔毛或近无毛；花瓣长圆形，长 2.5 ～ 3 毫米，无毛，具褐色脉纹，开花时外卷；雄蕊 10，与花瓣近等长；雄花无不育雌蕊；雌花单生于上部叶腋，较大；子房卵圆形，无毛，5 室。核果椭圆形或倒卵状椭圆形，成熟时黄色，长 2.5 ～ 3 厘米，径约 2 厘米，果核长 2 ～ 2.5 厘米，径 1.2 ～ 1.5 厘米，顶端具 5 个小孔。

【分布】 福建省各地常见。产西藏、云南、贵州、广西、广东、湖南、湖北、江西、福建、浙江、安徽等省区。生于海拔 300 ～ 2 000 米的山坡、丘陵或沟谷林中。

【用途】 果可生食或酿酒，可制作南酸枣糕食用。是生长快、适应性强，为较好的速生造林树种，树皮和叶可提栲胶。果核可作活性炭原料。茎皮纤维可作绳索。树皮和果入药，有消炎解毒、止血止痛之效，外用治大面积水火烧烫伤。

人面子属 Dracontomelon

145. 人面子 *Dracontomelon duperreanum* Pierre

【形态特征】　落叶乔木，高8～15米；小枝灰褐色，疏被微柔毛，粗4～6毫米。叶互生，奇数羽状复叶，叶轴和叶柄圆柱形，疏被微柔毛；小叶对生或互生，基部明显偏斜，阔楔形至圆形，全缘，幼叶叶面疏被微柔毛，后变无毛，叶面干后变暗褐色；小叶柄短，被微柔毛。圆锥花序腋生，长15～25厘米，被灰褐色微柔毛，分枝疏散；花小，白色，密集于花枝顶端；花梗纤细，被微柔毛；花萼被微柔毛，长约0.6毫米，先端钝；花瓣长圆形或卵状长圆形，无毛，具3脉，开花时花瓣下倾，先端和边缘内卷；雄蕊8～10。核果倒卵状或卵状正方形，长8～10毫米，宽6～7毫米，成熟时带红色，中果皮肉质，味甜可食，果核木质，近正方形，横切面近正方形，子房室与薄壁组织腔互生，每室具1种子；种子长圆形，种皮膜质。

【分布】　福建福州、厦门、泉州等地有引种，逸为野生。原产于广西、广东、云南东南部。多生于海拔300米以下的林中。

【用途】　果肉可食或盐渍作菜，入药可醒酒解毒，又可治风毒痒痛、喉痛等。木材致密，有光泽，耐腐力强，适于作建筑或家具用材。种子榨油可作肥皂或作润滑油。

盐麸木属 Rhus

146. 盐麸木 *Rhus chinensis* Miller

【形态特征】 落叶小乔木或灌木，高 2 ～ 10 米；小枝棕褐色，被锈色柔毛，具圆形小皮孔。奇数羽状复叶有小叶 2（或 3）～ 6 对，叶轴具宽的叶状翅，叶轴和叶柄密被锈色柔毛；小叶多形，顶生小叶基部楔形，边缘具粗锯齿或圆齿，叶面暗绿色，叶背粉绿色，叶背被锈色柔毛，脉上较密，侧脉和细脉在叶面凹陷，在叶背凸起；小叶无柄。圆锥花序宽大，多分枝，雄花序长，雌花序较短，密被锈色柔毛；苞片披针形，花白色，花梗长约 1 毫米，被微柔毛；雄花：花瓣倒卵状长圆形，长约 2 毫米，开花时外卷；花药卵形，长约 0.7 毫米；子房不育；雌花：花萼裂片较短；花瓣椭圆状卵形；雄蕊极短；花盘无毛；子房卵形，花柱 3，柱头头状。核果球形，略压扁，径 4 ～ 5 毫米，被具节柔毛和腺毛，成熟时红色，果核径 3 ～ 4 毫米。花期 8—9 月，果期 10 月。

【分布】 福建省各地极多见，广布于我国除东北、内蒙古和新疆外的各省区。印度、中南半岛、马来西亚、印度尼西亚、日本、朝鲜也有。生于海拔 1 500 米以下的向阳山坡、沟谷、溪边的疏林或灌丛中。

【用途】 果泡水代醋用，生食酸咸止渴。本种为五倍子蚜虫寄主植物，在幼枝和叶上形成虫瘿，即五倍子，可供鞣革、医药、塑料和墨水等工业上用。幼枝和叶可作土农药。果泡水代醋用，生食酸咸止渴。

槟榔青属 Spondias

147. 岭南酸枣 *Spondias lakonensis* Pierre

【形态特征】　落叶乔木，高8～15米；小枝灰褐色，疏被微柔毛，粗4～6毫米。叶互生，叶轴和叶柄圆柱形；小叶对生或互生，长圆形或长圆状披针形，长6～10厘米，宽1.5～3厘米，先端渐尖，基部明显偏斜，幼叶叶面疏被微柔毛，后变无毛，叶背脉上或脉腋被微柔毛，叶面干后变暗褐色，圆锥花序腋生，长15～25厘米；苞片小；花小，白色，密集于花枝顶端；花瓣长圆形或卵状长圆形，无毛；雄蕊8～10，花丝线形；花盘无毛，边缘波状；核果倒卵状或卵状正方形，长8～10毫米，宽6～7毫米，成熟时带红色，中果皮肉质，味甜可食，果核木质，近正方形，横切面近正方形，子房室与薄壁组织腔互生，每室具1种子；种子长圆形，种皮膜质。

【分布】　福建产于福州、连江、宁德、罗源等东部和南部沿海一带；分布于广西、广东等省区。越南、老挝、泰国也有分布。多生于向阳山坡疏林中。

【用途】　果酸甜可食，有酒香。种子榨油可作肥皂。木材软而轻，但不耐腐，适作家具、箱板等。又可作庭园绿化树种。

148. 槟榔青 *Spondias pinnata* (Linnaeus f.) Kurz

【形态特征】 乔木。叶互生，单叶或 1～2 回奇数羽状复叶；小叶对生或互生，全缘或具齿，具边缘脉或无。花序顶生而复出或侧生单出，先叶开放或与叶同出，花小，杂性，排列成圆锥花序或总状花序；花萼小，4～5 裂；花瓣 4～5，镶合状排列；雄蕊 8～10，着生于花盘基部，花丝线形而平滑或宽而具乳突体；心皮 4～5（稀 1），子房 4～5 室，每室具 1 胚珠。果为肉质核果，内果皮木质，核内有薄壁组织消失后的大空腔，与子房室互生。核果椭圆形或椭圆状卵形，成熟时黄褐色，果大，长 3.5～5 厘米，径 2.5～3.5 厘米，中果皮肉质。花期 3—4 月，果期 8—9 月。

【分布】 福建漳州、厦门等地有引种，逸为野生。产云南、广西和广东；分布于越南、柬埔寨、泰国、缅甸、马来西亚、斯里兰卡、印度等。生于海拔 460～1 200 米的低山或沟谷林中。

【用途】 果和幼叶可食。福建省闽南地区多用于观赏树种。

鼠李科 Rhamnaceae

枳椇属 Hovenia

149. 枳椇 *Hovenia acerba* Lindley

【形态特征】 高大乔木，高 10 ～ 25 米；小枝褐色或黑紫色，被棕褐色短柔毛或无毛，有明显白色的皮孔。叶互生，厚纸质至纸质，宽卵形、椭圆状卵形或心形，长 8 ～ 17 厘米，宽 6 ～ 12 厘米，顶端长渐尖或短渐尖，基部截形或心形，稀近圆形或宽楔形，边缘常具整齐浅而钝的细锯齿。二歧式聚伞圆锥花序，顶生和腋生，被棕色短柔毛；花两性，直径 5 ～ 6.5 毫米；萼片具网状脉或纵条纹，无毛，长 1.9 ～ 2.2 毫米，宽 1.3 ～ 2 毫米；花瓣椭圆状匙形，长 2 ～ 2.2 毫米，宽 1.6 ～ 2 毫米，具短爪；花盘被柔毛；花柱半裂，稀浅裂或深裂，长 1.7 ～ 2.1 毫米，无毛。浆果状核果近球形，直径 5 ～ 6.5 毫米，无毛，成熟时黄褐色或棕褐色；果序轴明显膨大；种子暗褐色或黑紫色，直径 3.2 ～ 4.5 毫米。花期 5—7 月，果期 8—10 月。

【分布】 福建省北部山区常见。产甘肃、陕西、河南、安徽、江苏、浙江、江西、福建、广东、广西、湖南、湖北、四川、云南、贵州等省区。生于海拔 2 100 米以下的开旷地、山坡林缘或疏林中。

【用途】 果序轴肥厚、含丰富的糖，可生食、酿酒、熬糖，民间常用以浸制"拐枣酒"，能治风湿。种子为清凉利尿药，能解酒毒，适用于热病消渴、酒醉、烦渴、呕吐、发热等症。木材细致坚硬，为建筑和制细木工用具的良好用材。

葡萄科 Vitaceae

葡萄属 Vitis

150. 山葡萄 *Vitis amurensis* Ruprecht

【形态特征】 木质藤本。小枝圆柱形，无毛，嫩枝疏被蛛丝状绒毛。卷须 2～3 分枝，每隔 2 节间断与叶对生。叶阔卵圆形，长 6～24 厘米，宽 5～21 厘米，3 稀 5 浅裂或中裂；基生脉 5 出，中脉有侧脉 5～6 对，上面明显或微下陷，下面突出，网脉在下面明显，除最后一级小脉外，或多或少突出，常被短柔毛或脱落几无毛；叶柄长 4～14 厘米，初时被蛛丝状绒毛，以后脱落无毛；托叶膜质，褐色，长 4～8 毫米，宽 3～5 毫米，顶端钝，边缘全缘。圆锥花序疏散，与叶对生，基部分枝发达，长 5～13 厘米，初时常被蛛丝状绒毛，以后脱落几无毛；花梗长 2～6 毫米，无毛。果实直径 1～1.5 厘米；种子倒卵圆形，顶端微凹，基部有短喙，种脐在种子背面中部呈椭圆形，腹面中棱脊微突起，两侧洼穴狭窄呈条形，向上达种子中部或近顶端。花期 5—6 月，果期 7—9 月。

【分布】 福建产南平等地。产黑龙江、吉林、辽宁、河北、山西、山东、安徽（金寨）、浙江（天目山）等省区。生山坡、沟谷林中或灌丛，海拔 200～2 100 米。

【用途】 果可鲜食和酿酒。

151. 蘡薁 *Vitis bryoniifolia* Bunge

【形态特征】　　木质藤本。小枝圆柱形，有棱纹，嫩枝密被蛛丝状绒毛或柔毛，以后脱落变稀疏。卷须 2 叉分枝，每隔 2 节间断与叶对生。叶长圆卵形，长 2.5～8 厘米，宽 2～5 厘米，叶片 3～5（或 7）深裂或浅裂，中裂片顶端急尖至渐尖，基部常缢缩凹成圆形，边缘每侧有 9～16 缺刻粗齿或成羽状分裂，基部心形或深心形，基缺凹成圆形。花杂性异株；花序梗初时被蛛状丝绒毛，以后变稀疏；花梗无毛；花蕾倒卵椭圆形或近球形；萼碟形，近全缘，无毛；花瓣 5，呈帽状粘合脱落；雄蕊 5，花丝丝状，花药黄色，椭圆形，在雌花内雄蕊短而不发达，败育；花盘发达，5 裂；雌蕊 1，子房椭圆卵形，花柱细短，柱头扩大。果实球形，成熟时紫红色。花期 4—8 月，果期 6—10 月。

【分布】　　福建产于厦门、同安、长泰、泉州、福清、长乐、闽侯、福州、永泰、连江、建阳、政和；分布于山东、江苏、安徽、浙江、湖北、江西、台湾等省区。生于山坡路旁灌丛中或林缘。

【用途】　　果可生食或酿果酒，全株供药用，能祛风湿、消肿痛，藤可造纸。

152. 东南葡萄 *Vitis chunganensis* Hu

【形态特征】　　木质藤本。小枝圆柱形，幼嫩时棱纹不明显，老后有显著纵棱纹，无毛。卷须2叉分枝，每隔2节间断与叶对生。叶卵形、或卵状长椭圆形，长6.5～22.5厘米，宽4.5～13.5厘米，顶端急尖、渐尖或尾状渐尖，基部心形，基缺两侧近乎靠近或靠叠。花杂性异株；圆锥花序疏散，花序梗长1～2厘米，被短柔毛或脱落几无毛；花梗无毛；花蕾近球形或椭圆形，高1～1.5毫米，无毛；萼碟形，无毛；花瓣5，呈帽状粘合脱落；雄蕊5，花丝丝状，花药黄色，椭圆形，在雌花内雄蕊短，败育；花盘发达，5裂；雌蕊1，子房卵圆形，花柱细短，柱头扩大。果实球形，成熟时紫黑色，直径0.8～1.2厘米；种子倒卵形，顶端微凹，基部有短喙，种脐在种子背面中部呈椭圆形，腹面中棱脊突起，两侧洼穴狭窄呈条形，向上达种子1/3处。花期4—6月，果期6—8月。

【分布】　　福建产于长汀、永安、宁化、古田、建阳、武夷山、邵武；分布于广东、广西、贵州、安徽、江西、浙江、湖南等省区。生山坡路旁灌丛、疏林或密林中。

【用途】　　果实可生食或酿酒。

153. 闽赣葡萄 *Vitis chungii* F. P. Metcalf

【形态特征】　木质藤本。叶长椭圆卵形或卵状披针形，卷须 2 叉分枝，与叶对生。基生脉 3 出，中脉有侧脉 4～5 对，网脉两面突出，无毛；叶柄长 1～3.5 厘米，无毛；托叶膜质。花杂性异株；花蕾倒卵圆形，顶端圆形；萼碟形，边缘全缘；花瓣 5，呈帽状粘合脱落；雄蕊 5，花药黄色。果实球形，成熟时紫红色，直径 0.8～1 厘米；种子倒卵椭圆形，顶端圆钝，基部显著具喙。花期 4—6 月，果期 6—8 月。

【分布】　福建产于南靖、上杭、龙岩、连城、长汀、德化、永安、三明、沙县、宁化、泰宁、古田、南平、建瓯、建阳、武夷山、浦城。分布于江西、广东、广西。生于山坡路旁灌丛、疏林或沟谷中。

【用途】　果实可生食或酿酒。

（陈新艳　摄）

154. 刺葡萄 *Vitis davidii* (Romanet du Caillaud) Föex

【形态特征】 木质藤本。小枝圆柱形，纵棱纹幼时不明显，被皮刺，无毛。卷须2叉分枝，每隔2节间断与叶对生。叶卵圆形或卵椭圆形，边缘每侧有锯齿12～33个，齿端尖锐，不分裂或微三浅裂，上面绿色，无毛，下面浅绿色，无毛，基生脉5出，中脉有侧脉4～5对，网脉明显，下面比上面突出，无毛常疏生小皮刺；托叶近草质，绿褐色，卵披针形，无毛，早落。花杂性异株；圆锥花序基部分枝发达，长7～24厘米；花梗无毛；花蕾倒卵圆形，顶端圆形；萼碟形；花瓣5，呈帽状粘合脱落。果实球形，成熟时紫红色；种子倒卵椭圆形，顶端圆钝，基部有短喙，种脐在种子背面中部呈圆形，腹面中棱脊突起，两侧洼穴狭窄。花期4—6月，果期7—10月。本种小枝无毛，有皮刺。适应高温多湿的条件，并具有一定的抗病虫能力。

【分布】 福建产于连城、三明、宁德、南平；分布于陕西、甘肃、江苏、安徽、浙江、江西、湖北、湖南、广东、广西、四川、贵州、云南等省区。生于山坡路旁灌丛中。

【用途】 果实可生食或酿酒；根供药用，可治筋骨伤痛。种子可榨油。

155. 小叶葛藟 *Vitis flexuosa* Thunb. var. *parvifolia* (Roxb.) Gagnep.

【形态特征】　　木质藤本，枝细长，幼枝被灰白色或锈色绒毛。叶互生，膜质，阔卵形或三角状卵形，长 2.5～4.5 厘米，宽 2.3～4 厘米，顶端渐尖或短渐尖，基部浅心形或近截形，边缘有不等的波状短齿，少有 3 浅裂，上面无毛，下面沿脉和脉腋被灰白色或锈色短绒毛；叶柄长 1.5～3.5 厘米，被毛。圆锥花序阔长，长 5～14 厘米，被绒毛，花小，黄绿色，花尊盘状，全缘或波状；花瓣 5 片，花梗纤细。浆果球形，直径约 8 毫米，成熟时黑色。花期 4—5 月。果期 6—8 月。

【分布】　　福建产于漳州、南靖、长泰、连城、德化、福州、永安、三明、沙县、尤溪、泰宁、古田、福安、南平、建瓯、武夷山、邵武、光泽。分布于广东、云南、贵州、四川、湖南、湖北、河南、台湾、江西、安徽、江苏、陕西等省区。朝鲜、日本也有分布。生于山坡灌丛或林缘。

【用途】　　根、茎和果实供药用，可治关节酸痛，种子可榨油。

156. 毛葡萄 *Vitis heyneana* Roemer & Schultes（绒毛葡萄，五角叶葡萄，野葡萄）

【形态特征】　木质藤本。小枝圆柱形，有纵棱纹，被灰色或褐色蛛丝状绒毛。卷须 2 叉分枝。叶卵圆形、长卵椭圆形或卵状五角形，长 4 ～ 12 厘米，宽 3 ～ 8 厘米，顶端急尖或渐尖，基部心形或微心形，基缺顶端凹成钝角；花蕾倒卵圆形或椭圆形；萼碟形；花瓣 5，呈帽状粘合脱落；雄蕊 5，花丝丝状，花药黄色，椭圆形或阔椭圆形，在雌花内雄蕊显著短，败育；花盘发达，5 裂；雌蕊 1，子房卵圆形，花柱短，柱头微扩大。果实圆球形，成熟时紫黑色，直径 1 ～ 1.3 厘米；种子倒卵形，顶端圆形，基部有短喙，种脐在背面中部呈圆形，腹面中棱脊突起，两侧洼穴狭窄呈条形，向上达种子 1/4 处。花期 4—6 月，果期 6—10 月。

【分布】　福建产于南靖、福州、永安、三明、沙县、泰宁、建瓯。分布于山西、陕西、甘肃、山东、河南、安徽、江西、浙江、福建、广东、广西、湖北、湖南、四川、贵州、云南、西藏等省区。尼泊尔、锡金、不丹和印度也有分布。生山坡、沟谷灌丛、林缘或林中海拔 100 ～ 3 200 米。

【用途】　果可生食，也可酿酒；根皮供药用，有调经活血、补虚止带的功效。

157. 华东葡萄 *Vitis pseudoreticulata* W. T. Wang

【形态特征】　　木质藤本。小枝圆柱形，有显著纵棱纹，嫩枝疏被蛛丝状绒毛，以后脱落近无毛。卷须2叉分枝，每隔2节间断与叶对生。叶卵圆形或肾状卵圆形，长6～13厘米，宽5～11厘米，顶端急尖或短渐尖，稀圆形，基部心形，基缺凹成圆形或钝角，每侧边缘16～25个锯齿，齿端尖锐，微不整齐。圆锥花序疏散，与叶对生，基部分枝发达，杂性异株，长5～11厘米，疏被蛛丝状绒毛，以后脱落；花梗长1～1.5毫米，无毛；花蕾倒卵圆形，高2～2.5毫米，顶端圆形；萼碟形，萼齿不明显，无毛；花瓣5，呈帽状粘合脱落；种子倒卵圆形，顶端微凹，基部有短喙，种脐在种子背面中部呈椭圆形，腹面中棱脊微突起，两侧洼穴狭窄呈条形，向上达种子上部1/3处。花期4—6月，果期6—10月。

【分布】　　福建产永安、三明、沙县、清流、将乐、建宁、南平。产河南、安徽、江苏、浙江、江西、福建、湖北、湖南、广东、广西等省区。生河边、山坡荒地、草丛、灌丛或林中，海拔100～300米。

【用途】　　果实可食。

（陈新艳　摄）

俞藤属 Yua C. L. Li

158. 大果俞藤 *Yua austro*-**orientalis** (F. P. Metcalf) C. L. Li

【形态特征】 木质藤本。小枝圆柱形，褐色或灰褐色，多皮孔，无毛；卷须2叉分枝，与叶对生。叶为掌状5小叶，叶片较厚，亚革质，倒卵披针形或倒卵椭圆形，长5～9厘米，宽2～4厘米，顶端急尖、短渐尖或钝，基部楔形。花序为复二歧聚伞花序，被白粉，无毛，与叶对生，花序梗长1.5～2厘米；花蕾长椭圆形，高2～3.5厘米；萼杯状，边缘全缘；花瓣5，高约3毫米，花蕾时粘合，以后展开脱落；雄蕊长3～3.8毫米，花药黄色，长椭圆形；雌蕊长2～2.5毫米。果实圆球形，直径1.5～2.5厘米，紫红色，味酸甜。种子梨形，背腹侧扁，长6～8毫米，宽约5毫米，顶端微凹，基部有短喙，背面种脐在种子中部，腹面两侧洼穴达种子上部2/3处，种脐和洼穴周围有6～9条横肋，干时十分明显，胚乳在横切面呈M形。花期5—7月，果期10—12月。

【分布】 产江西、福建、广东、广西。生山坡沟谷林中或林缘灌木丛，攀援树上或铺散在岩边抑或山坡野地，海拔100～900米。

【用途】 果实酸甜，但果肉含粘液，多食时有刺激喉痒痛之感。

159. 俞藤 *Yua thomsonii* (M. A. Lawson) C. L. Li

【形态特征】 木质藤本。小枝圆柱形，褐色，嫩枝略有棱纹，无毛；卷须2叉分枝，相隔2节间断与叶对生。叶为掌状5小叶，草质，小叶披针形或卵披针形，长2.5～7厘米，宽1.5～3厘米，顶端渐尖或尾状渐尖，基部楔形，边缘上半部每侧有4～7个细锐锯齿。花序为复二歧聚伞花序，与叶对生，无毛；萼碟形，边缘全缘，无毛；花瓣5，稀4，高3～3.5毫米，无毛，花蕾时粘合，以后展开脱落，雄蕊5，稀4，长约2.5毫米，花药长椭圆形，长约1.5毫米；雌蕊长约3毫米，花柱细，柱头不明显扩大。果实近球形，直径1～1.3厘米，紫黑色，味淡甜。种子梨形，长5～6毫米，宽约4毫米，顶端微凹，背面种脐达种子中部，腹面两侧洼穴从基部达种子2/3处，周围无明显横肋纹，胚乳横切面呈M形。花期5—6月，果期7—9月。

【分布】 产安徽、江苏、浙江、江西、湖北、广西、贵州东南部、湖南、福建西南部和四川东南部。印度阿萨姆卡西山区和尼泊尔中部也有分布。生山坡林中，攀援树上，海拔250～1 300米。

【用途】 果实紫黑色，味淡甜。根入药，治疗关节炎等症。

杜英科 Elaeocarpaceae

杜英属 Elaeocarpus Linn.

160. 杜英 *Elaeocarpus decipiens* Hemsley

【形态特征】　常绿乔木，高 5 ～ 15 米；嫩枝及顶芽初时被微毛，不久变秃净，干后黑褐色。叶革质，披针形或倒披针形，长 7 ～ 12 厘米，宽 2 ～ 3.5 厘米。总状花序多生于叶腋及无叶的去年枝条上，长 5 ～ 10 厘米，花序轴纤细，有微毛；花柄长 4 ～ 5 毫米；花白色，萼片披针形，长 5.5 毫米，宽 1.5 毫米，先端尖，两侧有微毛；花瓣倒卵形，与萼片等长，上半部撕裂，裂片 14 ～ 16 条，外侧无毛，内侧近基部有毛；雄蕊 25 ～ 30 枚，长 3 毫米，花丝极短，花药顶端无附属物；花盘 5 裂，有毛；子房 3 室，花柱长 3.5 毫米，胚珠每室 2 颗。核果椭圆形，长 2 ～ 2.5 厘米，宽 1.3 ～ 2 厘米，外果皮无毛，内果皮坚骨质，表面有多数沟纹，1 室，种子 1 颗，长 1.5 厘米。花期 6—7 月。

【分布】　福建全省较常见。分布于广东、广西、四川、台湾、浙江、江西、湖南、贵州和云南等省区。生于山谷疏林中。

【用途】　果实腌制后食用。树皮可作染料。木材为栽培香菇的良好段木。果实可食用。种子油可作肥皂和润滑油。根辛温，根能散瘀消肿，治疗跌打、损伤、瘀肿。

梧桐科 Sterculiaceae

苹婆属 Sterculia

161. 苹婆 *Sterculia nobilis* Smith

【形态特征】　乔木，树皮褐黑色，小枝幼时略有星状毛。叶薄革质，矩圆形或椭圆形，长8～25厘米，宽5～15厘米，顶端急尖或钝，基部浑圆或钝，两面均无毛。圆锥花序顶生或腋生，柔弱且披散，长达20厘米，有短柔毛；花梗远比花长；萼初时乳白色，后转为淡红色，钟状，外面有短柔毛，长约10毫米，5裂，裂片条状披针形，先端渐尖且向内曲，在顶端互相粘合，与钟状萼筒等长；雄花较多，雌雄蕊柄弯曲，无毛，花药黄色；雌花较少，略大，子房圆球形，有5条沟纹，密被毛，花柱弯曲，柱头5浅裂。蓇葖果鲜红色，厚革质，矩圆状卵形，长约5厘米，宽约2～3厘米，顶端有喙，每果内有种子1～4个；种子椭圆形或矩圆形，黑褐色，直径约1.5厘米。花期4—5月，但在10—11月常可见少数植株开第二次花。

【分布】　福建产于南部沿海，福州、福清、长乐、泉州、惠安、厦门、漳州、龙海等县市也常见栽培。分布于广东、广西南部、云南南部及台湾。印度、越南、印度尼西亚也有分布。多生于山坡路旁较阴蔽而排水良好的肥沃地。

【用途】　苹婆的种子煮熟后味如栗子，有香气，供食用。叶常绿，树姿美丽，是一种优良的行道树或庭园观赏树种。

胡颓子科 Elaeagnaceae

胡颓子属 Elaeagnus

162. 毛木半夏 *Elaeagnus courtoisii* Belval

【形态特征】　叶直立灌木，高1～3米，无刺；幼枝扁三角形，密被淡黄色星状长绒毛，老枝无毛，黑色，具光泽。叶纸质，新枝基部发出的1～2片叶较小，长1～2厘米，宽0.5厘米；叶柄短，长2～5毫米，被黄色长柔毛。花黄白色，密被黄色长柔毛，单生新枝基部叶腋；花梗长3～5毫米；萼筒细弱，圆筒形，长5毫米，向基部渐窄狭，在子房上收缩，裂片卵状三角形，长3～4毫米，顶端钝圆形，内面疏生白色星状柔毛，包围子房的萼管卵形，长1.5毫米；雄蕊4，几无花丝，花药矩圆形，长约1毫米；花柱直立，黄色，无毛，不超过雄蕊。果实椭圆形或矩圆形，长10毫米，直径2～3毫米，红色，密被锈色或银白色鳞片和散生白色星状柔毛；果梗在花后伸长，达30～40毫米，顶端膨大而稍扁，基部细小，被白色鳞片和黄色星状绒毛。花期2—3月，果期4—5月。

【分布】　福建产漳平、安溪、永安。产浙江、江西、安徽、湖北。生于海拔300～1 100米的向阳空旷地区。

【用途】　果实可生食，也可作果酒等。果实、根、叶入药可治跌打损伤、痢疾、哮喘。

（陈彬　摄）

（陈彬　摄）

163. 蔓胡颓子 *Elaeagnus glabra* Thunberg

【形态特征】　常绿蔓生或攀援灌木，高达 5 米，无刺，稀具刺；幼枝密被锈色鳞片，老枝鳞片脱落，灰棕色。叶革质或薄革质，卵状椭圆形，稀长椭圆形，长 4 ～ 12 厘米，宽 2.5 ～ 5 厘米，顶端渐尖或长渐尖，边缘全缘，微反卷；叶柄棕褐色，长 5 ～ 8 毫米。花淡白色，下垂，密被银白色和散生少数褐色鳞片，常 3 ～ 7 花密生于叶腋短小枝上成伞形总状花序；花梗锈色，长 2 ～ 4 毫米；萼筒漏斗形，质较厚，长 4.5 ～ 5.5 毫米，向基部渐窄狭，在子房上不明显收缩，裂片宽卵形，长 2.5 ～ 3 毫米，顶端急尖，内面具白色星状柔毛，包围子房的萼管椭圆形，长 2 毫米；雄蕊的花丝长不超过 1 毫米，花药长椭圆形，长 1.8 毫米；花柱细长。果实矩圆形，稍有汁，长 14 ～ 19 毫米，被锈色鳞片，成熟时红色；果梗长 3 ～ 6 毫米。花期 9—11 月，果期次年 4—5 月。

【分布】　福建各地常见。分布于江苏、浙江、台湾、安徽、江西、湖北、湖南、四川、贵州、广东、广西等省区。日本也有分布。多生于山坡灌丛或林缘。

【用途】　果味酸，可食或酿酒。果、根、叶供药用，有收敛止泻、平喘止咳之效。

164. 福建胡颓子 *Elaeagnus oldhamii* Maximowicz

【形态特征】　　常绿直立灌木，高 1～2 米，具刺，刺粗壮，长 10～40 毫米或更长，基部着生花和叶；当年生枝密被褐色或锈色鳞片，一年生枝灰色或灰黄色，多年生枝鳞片脱落，黑色。叶近革质，倒卵形或倒卵状披针形，长 3～4.5 厘米，宽 1.5～2.5 厘米，顶端圆形，稀钝圆形，全缘，上面幼时密被银白色鳞片，成熟后脱落或部分脱落，微具光泽，干燥后褐黄色，下面密被银白色和散生少数深褐色鳞片，侧脉 4～5 对，两面略明显；叶柄褐色，长 4～7 毫米。花淡白色，被鳞片，数花簇生于叶腋极短小枝上成短总状花序；花梗长 3～4 毫米；萼筒短，杯状，长约 2 毫米，在裂片下面略收缩。果实卵圆形，长 5～8 毫米，幼时密被银白色鳞片，成熟时红色，萼筒常宿存。花期 11—12 月，果期翌年 2—3 月。

【分布】　　福建产于厦门、同安、龙海、漳州、长泰、泉州、福清、长乐、闽侯、福州、连江；分布于广东、台湾。生于山坡或山路旁灌丛中，生于海拔 500 米以下的空旷地区。

【用途】　　果实味甜可生食，也可制果酒、果酱等，叶供药用，有镇咳解毒之效；根可治风湿关节炎。

165. 胡颓子 *Elaeagnus pungens* Thunberg

【形态特征】　　常绿直立灌木，高 3～4 米，具刺，刺顶生或腋生，长 20～40 毫米，深褐色；幼枝微扁棱形，密被锈色鳞片，老枝鳞片脱落，黑色，具光泽。叶革质，边缘微反卷或皱波状，具光泽，干燥后褐绿色或褐色，叶柄深褐色。花白色或淡白色，下垂，密被鳞片；萼筒圆筒形或漏斗状圆筒形；雄蕊的花丝极短，花药矩圆形。果实椭圆形，长 12～14 毫米，幼时被褐色鳞片，成熟时红色，果核内面具白色丝状棉毛。花期 9—12 月，果期翌年 4—6 月。本种为直立灌木，具刺；叶片革质；萼筒圆筒形，长 5～7 毫米，花柱无毛；果实具褐色鳞片，长 12～14 毫米。

【分布】　　福建产于漳浦、同安、永春、德化、永泰、屏南、周宁、武夷山。分布于江苏、浙江、安徽、江西、湖北、湖南、贵州、广东、广西等省区；日本也有分布。生于山坡路旁灌丛中。

【用途】　　果、叶和根可入药。有收敛止泻、镇咳解毒之效。果实味甜，可生食，也可酿酒和熬糖。茎皮纤维可造纸和人造纤维板。

（陈新艳　摄）

166. 牛奶子 *Elaeagnus umbellate* Thunberg

【形态特征】　落叶直立灌木，高 1～4 米，具长 1～4 厘米的刺；小枝甚开展，多分枝，幼枝密被银白色和少数黄褐色鳞片，有时全被深褐色或锈色鳞片，老枝鳞片脱落，灰黑色；芽银白色或褐色至锈色。叶纸质或膜质，椭圆形至卵状椭圆形或倒卵状披针形，上面幼时具白色星状短柔毛或鳞片，成熟后全部或部分脱落，干燥后淡绿色或黑褐色，下面密被银白色和散生少数褐色鳞片，侧脉 5～7 对，两面均略明显；叶柄白色，长 5～7 毫米。花黄白色，芳香，密被银白色盾形鳞片，1～7 花簇生新枝基部，单生或成对生于幼叶腋；果实几球形或卵圆形，长 5～7 毫米，幼时绿色，被银白色或有时全被褐色鳞片，成熟时红色；果梗直立，粗壮，长 4～10 毫米。花期 4—5 月，果期 7—8 月。

【分布】　福建产于各地。产华北、华东、西南各省区。日本、朝鲜、中南半岛、印度、尼泊尔、不丹、阿富汗、意大利等均有分布。生长于海拔 20～3 000 米的向阳的林缘、灌丛中，荒坡上和沟边。

【用途】　果实味甜可生食，也可制果酒、果酱等。叶作土农药可杀棉蚜虫；果实、根和叶亦可入药。亦是观赏植物。

红木科 Bixaceae

红木属 Bixa

167. * 红木 *Bixa orellana* Linna eus

【形态特征】　　常绿灌木或小乔木，高 2 ～ 10 米；枝棕褐色，密被红棕色短腺毛。叶心状卵形或三角状卵形，长 10 ～ 20 厘米，宽 5 ～ 13 厘米，先端渐尖，基部圆形或几截形；叶柄长 2.5 ～ 5 厘米，无毛。圆锥花序顶生，长 5 ～ 10 厘米，序梗粗壮，密被红棕色的鳞片和腺毛；花较大，直径 4 ～ 5 厘米，萼片 5，倒卵形，长 8 ～ 10 毫米，宽约 7 毫米，外面密被红褐色鳞片，基部有腺体，花瓣 5，倒卵形，长 1 ～ 2 厘米，粉红色；雄蕊多数，花药长圆形，黄色，2 室，顶孔开裂；子房上位，1 室，胚珠多数，生于 2 侧膜胎座上，花柱单一，柱头 2 浅裂。蒴果近球形或卵形，长 2.5 ～ 4 厘米，密生栗褐色长刺，刺长 1 ～ 2 厘米，2 瓣裂。种子多数，倒卵形，暗红色。

【分布】　　福建厦门、漳州、泉州、福州等沿海城市有种植，常用于观赏。原产于美州热带。中国云南、广东、广西、台湾等省区常有栽培。

【用途】　　种子外皮可做红色食用染料，供染果点用；树皮可作绳索；种子供药用，为收敛退热剂。

葫芦科 Cucurbitaceae

罗汉果属 Siraitia Merr.

168. 罗汉果 *Siraitia grosvenorii* (Swingle) C. Jeffrey ex A. M. Lu & Zhi Y. Zhang

【形态特征】 攀援草本；根多年生，肥大，纺锤形或近球形；茎、枝稍粗壮，有棱沟，初被黄褐色柔毛和黑色疣状腺鳞，后毛渐脱落变近无毛。叶柄长 3～10 厘米，被同枝条一样的毛被和腺鳞；叶片膜质，卵形心形、三角状卵形或阔卵状心形，长 12～23 厘米，宽 5～17 厘米，边缘微波状，叶面绿色，叶背淡绿；卷须稍粗壮。雌雄异株。雄花序总状；花梗稍细；雄蕊插生于筒的近基部，花丝基部膨大，被短柔毛。果实球形或长圆形，长 6～11 厘米，径 4～8 厘米，初密生黄褐色茸毛和混生黑色腺鳞，老后渐脱落而仅在果梗着生处残存一圈茸毛，果皮较薄，干后易脆。种子多数，淡黄色，近圆形或阔卵形，扁压状，基部钝圆，顶端稍稍变狭，两面中央稍凹陷，周围有放射状沟纹，边缘有微波状缘檐。花期 5—7 月，果期 7—9 月。

【分布】 福建产于南平等地；分布于广西、贵州、湖南、广东和江西等省区。生于海拔 200～300 米的溪河边灌丛中。

【用途】 果实入药，味甘甜，甜度比蔗糖高 150 倍，有润肺、祛痰、消渴之效，也可作清凉饮料，煎汤代茶，能润解肺燥；叶子晒干后临床用以治慢性咽炎、慢性支气管炎等。

茅瓜属 Solena

169. 茅瓜 *Solena heterophylla* Loureiro

【形态特征】 攀援草本，块根纺锤状，径粗 1.5～2 厘米。茎、枝柔弱，无毛，具沟纹。叶柄纤细，短，长仅 0.5～1 厘米，初时被淡黄色短柔毛，后渐脱落。卷须纤细，不分歧。雌雄异株。雄花：10～20 朵生于 2～5 毫米长的花序梗顶端，呈伞房状花序；花极小，花梗纤细，几无毛；花萼筒钟状；花冠黄色，顶端急尖；花药近圆形，具毛。雌花：单生于叶腋；花梗长 5～10 毫米，被微柔毛；子房卵形。果实红褐色，长圆状或近球形，长 2～6 厘米，径 2～5 厘米，表面近平滑。种子数枚，灰白色，近圆球形或倒卵形，长 5～7 毫米，径 5 毫米，边缘不拱起，表面光滑无毛。花期 5—8 月，果期 8—11 月。

【分布】 福建全省各地常有零星散生。分布于台湾、江西、广东、广西、云南、贵州、四川和西藏等省区。越南、锡金、印度、印度尼西亚（爪哇）也有分布。多生于海拔 1 500 米以下的山坡路旁、林缘及疏林中或灌丛中。

【用途】 果可食，块根药用，能清热解毒、消肿散结。

栝楼属 Trichosanthes

170. 栝楼 *Trichosanthes kirilowii* **Maximowicz**

【形态特征】　攀援藤本，长达 10 米；块根圆柱状，粗大肥厚，富含淀粉，淡黄褐色。茎较粗，多分枝，被白色伸展柔毛。叶片纸质，轮廓近圆形，长宽均约 5 ～ 20 厘米，裂片菱状倒卵形、长圆形，先端钝，急尖，边缘常再浅裂，叶基心形。花雌雄异株。雄总状花序单生，总状花序长 10 ～ 20 厘米，粗壮，具纵棱与槽，被微柔毛，顶端有 5 ～ 8 花，单花花梗长约 15 厘米，小苞片倒卵形或阔卵形；花萼筒筒状，裂片披针形；花药靠合，花丝分离，粗壮，被长柔毛。雌花单生，被短柔毛；花萼筒圆筒形，长 2.5 厘米，径 1.2 厘米，裂片和花冠同雄花；子房椭圆形，绿色。果梗粗壮，长 4 ～ 11 厘米；果实椭圆形或圆形，长 7 ～ 10.5 厘米，成熟时黄褐色或橙黄色。花期 5—8 月，果期 8—10 月。

【分布】　福建全省各地有零星散布。各地也偶见栽培。朝鲜、日本、越南和老挝也有分布。多生于海拔 1 000 米以下的山坡林下、灌丛中或林缘等地，也可见于村旁田边。

【用途】　种子炒熟可食，本种的根、果实、果皮和种子为传统的中药天花粉、栝楼、栝楼皮和栝楼子（瓜蒌仁）。根有清热生津、解毒消肿的功效。果实、种子和果皮有清热化痰、润肺止咳、滑肠的功效。

马 𣨼 儿 属 Zehneria

171. 钮子瓜 *Zehneria bodinieri* (H. Léveillé) W. J. de Wilde & Duyfjes

【形态特征】　草质藤本；茎、枝细弱，伸长，有沟纹，多分枝，无毛或稍被长柔毛。叶柄细，长 2～5 厘米，无毛；叶片膜质，宽卵形或稀三角状卵形，长、宽均为 3～10 厘米，上面深绿色，粗糙，被短糙毛，背面苍绿色，脉掌状。卷须丝状。雌雄同株。雄花：常 3～9 朵生于总梗顶端呈近头状或伞房状花序，花序梗纤细，长 1～4 厘米，无毛；雄蕊 3 枚，2 枚 2 室，1 枚 1 室，有时全部为 2 室，插生在花萼筒基部，花丝长 2 毫米，被短柔毛，花药卵形。雌花：单生，稀几朵生于总梗顶端或极稀雌雄同序；子房卵形。果梗细，无毛，长 0.5～1 厘米；果实球状或卵状，直径 1～1.4 厘米，浆果状，外面光滑无毛。种子卵状长圆形，扁压，平滑，边缘稍拱起。花期 4—8 月，果期 8—11 月。

【分布】　常生于福建北部海拔 1 000 米以下的的林边或山坡路旁潮湿处。产四川、贵州、云南、广西、广东、福建、江西等省区。印度半岛、中南半岛、苏门答腊、菲律宾和日本也有分布。

【用途】　民间把钮子瓜的叶、果、根入药用于清热、解毒、消肿等。

172. 马㼎儿 *Zehneria indica* (Lour.) Keraudren

【形态特征】　攀援或平卧草本；茎、枝纤细，疏散，有棱沟，无毛。叶柄细，长2.5～3.5厘米，初时有长柔毛，最后变无毛；叶片膜质，多型，三角状卵形、卵状心形或戟形、不分裂或3～5浅裂，长3～5厘米，宽2～4厘米，。雌雄同株。雄花：单生或稀2～3朵生于短的总状花序上；花萼宽钟形，基部急尖或稍钝，长1.5毫米；雄蕊3，2枚2室，1枚1室，有时全部2室，生于花萼筒基部，花丝短，长0.5毫米，花药卵状长圆形或长圆形，有毛，长1毫米，药室稍弓曲，有毛，药隔宽，稍伸出。雌花：在与雄花同一叶腋内单生或稀双生。果梗纤细，无毛，长2～3厘米；果实长圆形或狭卵形，两端钝，外面无毛，长1～1.5厘米，宽0.5～0.8厘米，成熟后橘红色或红色。花期4—7月，果期7—10月。

【分布】　福建省各地常见。分布于四川、湖北、安徽、江苏、浙江、福建、江西、湖南、广东、广西、贵州和云南等省区。常生于海拔500～1 600米的林中阴湿处以及路旁、田边及灌丛中。

【用途】　全草药用，有清热、利尿、消肿之效。

桃金娘科 Myrtaceae

番石榴属 Psidium Linn.

173. 番石榴 *Psidium guajava* Linnaeus

【形态特征】 乔木，高达 13 米；树皮平滑，灰色，片状剥落；嫩枝有棱，被毛。叶片革质，长圆形至椭圆形，长 6 ～ 12 厘米，宽 3.5 ～ 6 厘米，先端急尖或钝，基部近于圆形，上面稍粗糙，下面有毛，侧脉 12 ～ 15 对，常下陷，网脉明显；叶柄长 5 毫米。花单生或 2 ～ 3 朵排成聚伞花序；萼管钟形，长 5 毫米，有毛，萼帽近圆形，长 7 ～ 8 毫米，不规则裂开；花瓣长 1 ～ 1.4 厘米，白色；雄蕊长 6 ～ 9 毫米；子房下位，与萼合生，花柱与雄蕊同长。浆果球形、卵圆形或梨形，长 3 ～ 8 厘米，顶端有宿存萼片，果肉白色及黄色，胎座肥大，肉质，淡红色；种子多数。

【分布】 福建诏安、漳州、厦门、泉州、福州、宁德、永泰、德化、上杭有引种栽培，有时逸为野生。原产南美洲。现广布于热带地区。广东、广西、云南南部有栽培。

【用途】 果味甜，有香味，可生食或酿酒；树皮及未成熟含鞣质，可提制杆栲胶；叶含芳香油，可提取香料。

桃金娘属 Rhodomyrtus

174. 桃金娘 *Rhodomyrtus tomentosa* (Aiton) Hasskarl

【形态特征】 灌木，高1～2米；嫩枝有灰白色柔毛。叶对生，革质，叶片椭圆形或倒卵形，长3～8厘米，宽1～4厘米，先端圆或钝，常微凹入，有时稍尖，基部阔楔形，上面初时有毛，以后变无毛，发亮，下面有灰色茸毛，离基三出脉，直达先端且相结合，边脉离边缘3～4毫米，中脉有侧脉4～6对，网脉明显；叶柄长4～7毫米。花有长梗，常单生，紫红色，直径2～4厘米；萼管倒卵形，长6毫米，有灰茸毛，萼裂片5，近圆形，长4～5毫米，宿存；花瓣5，倒卵，形，长1.3～2厘米；雄蕊红色，长7～8毫米；子房下位，3室，花柱长1厘米。浆果卵状壶形，长1.5～2厘米，宽1～1.5厘米，熟时紫黑色；种子每室2列。花期4—5月。

【分布】 福建产于东南沿海各地和西南部。分布于广东、广西、云南、贵州、湖南、台湾等省区。印度、斯里兰卡、中印半岛、菲律宾、日本南部也有分布。多生于海拔300米以下的丘陵山地灌丛中。

【用途】 果可食；也可酿酒、制果酱；根含黄红色鞣质；全株入药，有活血通络、收敛止泻，补虚止血之功效。

蒲桃属 Syzygium

175. 赤楠 *Syzygium buxifolium* Hooker & Arnott

【形态特征】　灌木或小乔木；嫩枝有棱，干后黑褐色。叶片革质，阔椭圆形至椭圆形，有时阔倒卵形，长 1.5～3 厘米，宽 1～2 厘米，先端圆或钝，有时有钝尖头，基部阔楔形或钝，上面干后暗褐色，无光泽，下面稍浅色，有腺点，侧脉多而密，脉间相隔 1～1.5 毫米，斜行向上，离边缘 1～1.5 毫米处结合成边脉，在上面不明显，在下面稍突起；叶柄长 2 毫米。聚伞花序顶生，长约 1 厘米，有花数朵；花梗长 1～2 毫米；花蕾长 3 毫米；萼管倒圆锥形，长约 2 毫米，萼齿浅波状；花瓣 4，分离，长 2 毫米；雄蕊长 2.5 毫米；花柱与雄蕊同等。果实球形，直径 5～7 毫米。花期 6—8 月。

【分布】　福建各地极常见。分布于安徽、浙江、台湾、福建、江西、湖南、广东、广西、贵州等省区。越南及日本琉球群岛也有分布。多生于低山疏林或灌丛。

【用途】　果可食，树常用于盆景观赏。

（叶喜阳　摄）

（陈新艳　摄）

176. 轮叶蒲桃 *Syzygium grijsii* (Hance) Merrill & L. M. Perry

【形态特征】　　灌木，高不及 1.5 米；嫩枝纤细，有 4 棱，干后黑褐色。叶片革质，细小，常 3 叶轮生，狭窄长圆形或狭披针形，长 1.5～2 厘米，宽 5～7 毫米，先端钝或略尖，基部楔形，上面干后暗褐色，无光泽，下面稍浅色，多腺点，侧脉密，以50 度开角斜行，彼此相隔 1～1.5 毫米，在下面比上面明显，边脉极接近边缘；叶柄长1～2 毫米。聚伞花序顶生，长 1～1.5 厘米，少花；花梗长 3～4 毫米，花白色；萼管长 2 毫米，萼齿极短；花瓣 4，分离，近圆形，长约 2 毫米；雄蕊长约 5 毫米；花柱与雄蕊同长。果实球形，直径 4～5 毫米。花期 5—6 月。

【分布】　　福建各地常见。产浙江、江西、福建、广东、广西等省区。

【用途】　　果可食。

177. 蒲桃 *Syzygium jambos* (Linnaeus) Alston

【形态特征】　乔木，高 10 米，主干极短，广分枝；小枝圆形。叶片革质，披针形或长圆形，长 12 ～ 25 厘米，宽 3 ～ 4.5 厘米，先端长渐尖，基部阔楔形，叶面多透明细小腺点，侧脉 12 ～ 16 对，以 45 度开角斜向上，靠近边缘 2 毫米处相结合成边脉，侧脉间相隔 7 ～ 10 毫米，在下面明显突起，网脉明显；叶柄长 6 ～ 8 毫米。聚伞花序顶生，有花数朵，总梗长 1 ～ 1.5 厘米；花梗长 1 ～ 2 厘米，花白色，直径 3 ～ 4 厘米；萼管倒圆锥形，长 8 ～ 10 毫米，萼齿 4，半圆形，长 6 毫米，宽 8 ～ 9 毫米；花瓣分离，阔卵形，长约 14 毫米；雄蕊长 2 ～ 2.8 厘米，花药长 1.5 毫米；花柱与雄蕊等长。果实球形，果皮肉质，直径 3 ～ 5 厘米，成熟时黄色，有油腺点；种子 1 ～ 2 颗，多胚。花期 3—4 月，果实 6—7 月成熟。

【分布】　福建龙岩、厦门、泉州、福州等有引种栽培。分布于产台湾、广东、广西、贵州、云南等省区。中南半岛、马来西亚、印度尼西亚等地也有分布。

【用途】　果可食用；枝叶繁茂，花大，可作为庭园绿化树种。

178. 红枝蒲桃 *Syzygium rehderianum* Merrill & L. M. Perry

【形态特征】　　灌木至小乔木；嫩枝红色，干后褐色，圆形，稍压扁，老枝灰褐色。叶片革质，椭圆形至狭椭圆形，长4～7厘米，宽2.5～3.5厘米，先端急渐尖，尖尾长1厘米，尖头钝，基部阔楔形，上面干后灰黑色或黑褐色，不发亮，多细小腺点，下面稍浅色，多腺点，侧脉相隔2～3.5毫米，在上面不明显，在下面略突起，以50度开角斜向边缘，边脉离边缘1～1.5毫米；叶柄长7～9毫米。聚伞花序腋生，或生于枝顶叶腋内，长1～2厘米，通常有5～6条分枝，每分枝顶端有无梗的花3朵；花蕾长3.5毫米；萼管倒圆锥形，长3毫米，上部平截，萼齿不明显；花瓣连成帽状；雄蕊长3～4毫米；花柱纤细，与雄蕊等长。果实椭圆状卵形，长1.5～2厘米，宽1厘米。花期6—8月。

【分布】　　福建产平和、南靖、上杭、长汀、德化。分布于广东、广西等省区。生于常绿阔叶林中。

【用途】　　果可食。

石榴科 Punicaceae

石榴属 Punica

179. 石榴 *Punica granatum* Linnaeus

【形态特征】　　也称安石榴，落叶灌木或乔木，高通常 3 ～ 5 米，稀达 10 米，枝顶常成尖锐长刺，幼枝具棱角，无毛，老枝近圆柱形。叶通常对生，纸质，矩圆状披针形，长 2 ～ 9 厘米，顶端短尖、钝尖或微凹，基部短尖至稍钝形，上面光亮，侧脉稍细密；叶柄短。花大，1 ～ 5 朵生枝顶；萼筒长 2 ～ 3 厘米，通常红色或淡黄色，裂片略外展，卵状三角形，长 8 ～ 13 毫米，外面近顶端有 1 黄绿色腺体，边缘有小乳突；花瓣通常大，红色、黄色或白色，长 1.5 ～ 3 厘米，宽 1 ～ 2 厘米，顶端圆形。浆果近球形，直径 5 ～ 12 厘米，通常为淡黄褐色或淡黄绿色，有时白色，稀暗紫色。种子多数，钝角形，红色至乳白色，肉质的外种皮供食用。

【分布】　　福建各地有栽培，多为观赏果树。原产于亚州中部。

【用途】　　果可食。根可供药用，有收敛、止泻、杀虫之效；根皮煎水，可驱除绦虫。树翠绿，花大而鲜艳，故各地公园和风景区也常有种植以美化环境。

野牡丹科 Melastomataceae

野牡丹属 Melastoma

180. 地菍 *Melastoma dodecandrum* **Loureiro**

【形态特征】　小灌木，长10～30厘米；茎匍匐上升，逐节生根，分枝多，披散，幼时被糙伏毛，以后无毛。叶片坚纸质，卵形或椭圆形，顶端急尖，基部广楔形。聚伞花序，顶生，有花1～3朵，基部有叶状总苞2，通常较叶小；花梗长2～10毫米，被糙伏毛，上部具苞片2；苞片卵形，具缘毛，背面被糙伏毛；花萼管长约5毫米，被糙伏毛，毛基部膨大呈圆锥状，有时2～3簇生，裂片披针形，长2～3毫米，被疏糙伏毛，边缘具刺毛状缘毛；花瓣淡紫红色至紫红色，菱状倒卵形；雄蕊长者药隔基部延伸，弯曲，末端具2小瘤，花丝较伸延的药隔略短；子房下位，顶端具刺毛。果坛状球状，平截，近顶端略缢缩，肉质，不开裂，长7～9毫米，直径约7毫米；宿存萼被疏糙伏毛。花期5—7月，果期7—9月。

【分布】　产于福建各地。分布于广西、广东、贵州、湖南、江西、浙江等省区。越南也有分布。生于山坡路旁矮草丛中。

【用途】　果可食，亦可酿酒；全株供药用，有解毒消肿、清热燥湿等作用；根可解木薯中毒。

181. 野牡丹 *Melastoma malabathricum* Linnaeus

【形态特征】 亚灌木，全体无毛。茎高 1.5 米；当年生小枝草质，小枝基部具数枚鳞片。叶为二回三出复叶；叶片轮廓为宽卵形或卵形，长 15 ～ 20 厘米，羽状分裂，裂片披针形至长圆状披针形，宽 0.7 ～ 2 厘米；叶柄长 4 ～ 8.5 厘米。花 2 ～ 5 朵，生枝顶和叶腋，直径 6 ～ 8 厘米；苞片 3 ～ 4，披针形，大小不等；萼片 3 ～ 4，宽卵形，大小不等；花瓣红色、红紫色，倒卵形，长 3 ～ 4 厘米，宽 1.5 ～ 2.5 厘米；花盘肉质，包住心皮基部，顶端裂片三角形或钝圆；心皮 2 ～ 5，无毛。蓇葖长约 3 ～ 3.5 厘米，直径 1.2 ～ 2 厘米。花期 5 月；果期 7—8 月。

【分布】 福建产于诏安、厦门、同安、南靖、华安、泉州、长乐、福清、闽侯、福州、永泰、连江。分布于广东、广西、云南、台湾等省区。越南也有分布。生于旷野山坡或山路旁灌丛中。

【用途】 果可食，全株供药用，有解毒消肿、收敛止血之效。

182. 展毛野牡丹 *Melastoma normale* D.Don

【形态特征】 灌木，高 0.5 ～ 1 米，稀 2 ～ 3 米，茎钝四棱形或近圆柱形，分枝多，密被平展的长粗毛及短柔毛，毛常为褐紫色，长不过 3 毫米。叶片坚纸质，卵形至椭圆形或椭圆状披针形，顶端渐尖，基部圆形或近心形，全缘，5 基出脉，叶面密被糙伏毛，基出脉下凹，背面密被糙伏毛及密短柔毛，基出脉隆起；叶柄长 5 ～ 10 毫米，密被糙伏毛。伞房花序生于分枝顶端，具花 3 ～ 7 朵，基部具叶状总苞片 2；苞片披针形至钻形，密被糙伏毛；花梗长 2 ～ 5 毫米，毛扁平，边缘流苏状，有时分枝，裂片披针形，稀卵状披针形，裂片间具 1 小裂片；花瓣紫红色，倒卵形。蒴果坛状球形，顶端平截，宿存萼与果贴生，密被鳞片状糙伏毛。花期春至夏初，果期秋季。

【分布】 福建产于厦门、莆田、福清、长乐、闽侯、福州、连江。分布于广东、广西、云南、四川、西藏、台湾等省区。尼泊尔、印度、缅甸、马来西亚及菲律宾也有分布。生于山坡路旁灌草丛中或疏林下。

【用途】 果可食；全株有收敛作用，可治消化不良、腹泻、肠炎、痢疾等症，也用于利尿；外敷可止血；又用于治疗慢性支气管炎有一定的疗效。

183. 毛菍 *Melastoma sanguineum* Sims（甜娘、开口枣、雉头叶，鸡头木、射牙郎，黄狸胆、大红英）

【形态特征】 大灌木，高 1.5 ～ 3 米；茎、小枝、叶柄、花梗及花萼均被平展的长粗毛，毛基部膨大。叶片坚纸质，卵状披针形至披针形，顶端长渐尖或渐尖，基部钝或圆形，全缘，基出脉 5，两面被隐藏于表皮下的糙伏毛，通常仅毛尖端露出，叶面基出脉下凹，侧脉不明显，背面基出脉隆起，侧脉微隆起，均被基部膨大的疏糙伏毛。伞房花序，顶生，常仅有花 1 朵，有时 3 朵；苞片戟形，膜质具缘毛；花梗长约 5 毫米，花萼管长 1 ～ 2 厘米，裂片间具线形或线状披针形小裂片，通常较裂片略短，花瓣粉红色或紫红色，5 枚，广倒卵形，上部略偏斜，顶端微凹；雄蕊长者药隔基部伸延，果杯状球形，胎座肉质，为宿存萼所包；宿存萼密被红色长硬毛。花果期几乎全年，通常在 8—10 月。

【分布】 福建产于诏安、平和、长泰、华安。分布于广西、广东等省区。印度、马来西亚至印度尼西亚也有分布。生于山路旁、沟边，湿润的草丛或矮灌丛中。

【用途】 果可食；根、叶可供药用，根有收敛止血、消食止痢的作用，治水泻便血、妇女血崩、止血止痛；叶捣烂外敷有拔毒生肌止血的作用，治刀伤跌打、接骨、疮疖、毛虫毒等。茎皮含鞣质。

山茱萸科 Cornaceae

山茱萸属 Cornus

184. 尖叶四照花 *Cornus elliptica* (Pojarkova) Q. Y. Xiang et Bofford

【形态特征】　常绿乔木或灌木，高 4～12 米；树皮灰色或灰褐色，平滑；幼枝灰绿色，被白贴生短柔毛，老枝灰褐色，近于无毛。冬芽小，圆锥形，密被白色细毛。叶对生，革质，长圆椭圆形，稀卵状椭圆形或披针形，长 7～9 厘米，宽 2.5～4.2 厘米。头状花序球形，约由 55～80 朵花聚集而成，直径 8 毫米；总苞片 4，长卵形至倒卵形，长 2.5～5 厘米，宽 9～22 毫米，先端渐尖或微突尖形，基部狭窄，初为淡黄色，后变为白色，两面微被白色贴生短柔毛；总花梗纤细，长 5.5～8 厘米，密被白色细伏毛；花瓣卵圆形，长 2.8 毫米，宽 1.5 毫米，先端渐尖，基部狭窄，下面有白色贴生短柔毛；雄蕊较花瓣短。果序球形，直径 2.5 厘米，成熟时红色，被白色细伏毛；总果梗纤细，长 6～10.5 厘米，紫绿色，微被毛。花期 6—7 月；果期 10—11 月。

【分布】　福建习见。产陕西南部、甘肃南部以及浙江、安徽、江西、福建、湖北、湖南、广东、广西、四川、贵州、云南等省区。生于海拔 340～1 400 米的密林内或混交林中。

【用途】　果实成熟时味甜可食，民间称山荔枝。

185. 秀丽四照花 *Cornus hongkongensis* subsp. *Elegans* (W. P. Fang & Y. T. Hsieh) Q. Y. Xiang

【形态特征】　常绿小乔木或灌木，高 3 ～ 8 米，稀达 15 米；树皮灰白色或灰褐色，平滑；幼枝绿色，老枝灰色或灰褐色。叶对生，亚革质，椭圆形或长圆椭圆形，长 5.5 ～ 8.2 厘米，宽 2.5 ～ 3.5 厘米，全缘，先端渐尖，基部钝尖或宽楔形，稀钝圆形。头状花序球形，约由 45 ～ 55 朵花聚集而成；总苞片倒卵状长圆椭圆形，先端急尖，基部楔形，两面均疏被褐色细伏毛；雄蕊：花丝长 1.8 ～ 2 毫米，花药椭圆形，2 室，长 0.5 毫米；花盘褥状，4 裂，厚 0.5 毫米，直径 0.9 毫米。果序球形，直径 1.5 ～ 1.8 厘米，成熟时红色，微被白色贴生短柔毛；总果梗细圆柱形，长 4.5 ～ 9 厘米，无毛。花期 6 月；果期 11 月。

【分布】　福建习见。分布于江西、浙江等省。生于疏林中及沟谷边。

【用途】　果实成熟时肉质柔软、味甜，生食别有风味。民间称野荔枝。

杜鹃花科 Ericaceae

越桔属 Vaccinium

186. 南烛 *Vaccinium bracteatum* Thunberg

【形态特征】 常绿灌木或小乔木，高 2～6 米；分枝多，幼枝被短柔毛或无毛，老枝紫褐色，无毛。叶片薄革质，长 4～9 厘米，宽 2～4 厘米，顶端锐尖、渐尖，稀长渐尖，基部边缘有细锯齿，表面平坦有光泽，两面无毛；叶柄长 2～8 毫米，通常无毛或被微毛。总状花序顶生和腋生，有多数花；花冠白色，筒状，有时略呈坛状，外面密被短柔毛，稀近无毛，内面有疏柔毛，口部裂片短小。浆果直径 5～8 毫米，熟时紫黑色，外面通常被短柔毛，稀无毛。花期 6—7 月，果期 8—10 月。

【分布】 产于上杭、永定、武夷山、莆田等地；分布于我国西南至东南部各省区。尼泊尔、锡金、不丹、缅甸、泰国、老挝、越南也有分布。多生于海拔 200 米以上的山地 林中或林缘路旁灌丛阳光充足地。

【用途】 果实成熟后酸甜，可食；采摘枝、叶渍汁浸米，煮成"乌饭"，江南一带民间在寒食节有煮食乌饭的习惯；果实入药，名"南烛子"，有强筋益气、固精之效。

（陈彬 摄）

200

187. 短尾越桔 *Vaccinium carlesii* Dunn

【形态特征】　常绿灌木或乔木，高 1～3 米；分枝多，枝条细。幼枝通常被短柔毛，老枝灰褐色。叶密生，散生枝上，叶片革质，卵状披针形或长卵状披针形，顶端渐尖或长尾状渐尖，基部圆形或宽楔形，稀楔形，边缘有疏浅锯齿；叶柄长 1～5 毫米，有微柔毛或近无毛。总状花序腋生和顶生；苞片披针形；花梗短而纤细；萼齿三角形，无毛；花冠白色，宽钟状；雄蕊内藏，短于花冠，花丝极短，被疏柔毛，药室背部之上有 2 极短的距，药管约为药室长的 1/2 至 2/3；子房无毛，花柱伸出花冠外。结果期果序长可至 6 厘米；浆果球形，直径 5 毫米，熟时紫黑色，外面无毛，常被白粉。花期 5—6 月，果期 8—10 月。

【分布】　福建各地常见。分布于广东、广西、贵州、湖南、浙江、江西、等省区。多生于海拔 1 500 米以下的山地或山坡向阳灌丛中。

【用途】　果可鲜食。

188. 无梗越桔 *Vaccinium henryi* Hemsley

【形态特征】　　落叶灌木，高 1 ～ 3 米；茎多分枝，幼枝淡褐色，密被短柔毛，生花的枝条细而短，呈左右曲折，老枝褐色，渐变无毛。叶多数，散生枝上，叶片纸质，卵形、卵状长圆形或长圆形，明显具小短尖头，基部楔形、宽楔形至圆形，边缘全缘，通常被短纤毛，两面沿中脉有时连同侧脉密被短柔毛，叶脉在两面略微隆起；叶柄密被短柔毛。花单生叶腋；花梗极短，密被毛；雄蕊 10 枚，短于花冠，花丝扁平，长 1.5 ～ 2 毫米，被柔毛，药室背部无距，药管与药室近等长。浆果球形，略呈扁压状，直径 7 ～ 9 毫米，熟时紫黑色。花期 6—7 月，果期 9—10 月。

【分布】　　福建省产永安、建阳、武夷山等地。分布于陕西、甘肃、安徽、浙江、江西、福建、湖北、湖南、四川、贵州等省。多生于海拔 1 300 米以上的近山顶林中、林缘或沟谷地，有时也见于山顶灌丛中。

【用途】　　果可食。

（陈彬　摄）

189. 黄背越桔 *Vaccinium iteophyllum* Hance

【形态特征】　　常绿灌木或小乔木，高 1～7 米。幼枝被淡褐色至锈色短柔毛或短绒毛，老枝灰褐色或深褐色，无毛。叶片革质，卵形，长卵状披针形至披针形，长 4～9 厘米，宽 2～4 厘米。总状花序生枝条下部和顶部叶腋，长 3～7 厘米，序轴、花梗密被淡褐色短柔毛或短绒毛；苞片披针形，被微毛，小苞片小，线形或卵状披针形，被毛，早落；花梗长 2～4 毫米；萼齿三角形；花冠白色，有时带淡红色，筒状或坛状，裂齿短小，三角形，直立或反折；雄蕊药室背部有长约 1 毫米的细长的距，药管长约 2.5 毫米，密被毛；花柱不伸出。浆果球形，直径 4～5 毫米，或疏或密被短柔毛。花期 4—5 月，果期 6 月以后。

【分布】　　产于福建各地。产江苏、安徽、浙江、江西、福建、湖北、湖南、广东、广西、四川、贵州、云南、西藏等省区。生于海拔 400～1 440 米的山地灌丛中，或山坡疏、密林内。

【用途】　　果甜可生食。

（陈新艳　摄）

190. 江南越桔 *Vaccinium mandarinorum* Diels

【形态特征】　常绿灌木或小乔木，高 1～4 米。幼枝通常无毛，有时被短柔毛，老枝紫褐色或灰褐色，无毛。叶片厚革质，卵形或长圆状披针形，长 3～9 厘米，宽 1.5～3 厘米；叶柄长 3～8 毫米，无毛或被微柔毛。总状花序腋生和生枝顶叶腋，长 2.5～7 厘米，有多数花，序轴无毛或被短柔毛；苞片未见；花梗纤细，长 4～8 毫米，无毛或被微毛；雄蕊内藏，药室背部有短距，药管长为药室的 1.5 倍，花丝扁平，密被毛；花柱内藏或微伸出花冠。浆果，熟时紫黑色，无毛，直径 4～6 毫米。

【分布】　福建各地常见。产江苏、安徽、浙江、江西、福建、湖北、湖南、广东、广西、四川、贵州、云南等省区。

【用途】　果实可食，也可入药，有消肿，治全身浮肿功效。

紫金牛科 Myrsinaceae

酸藤子属 Embelia

191. 酸藤子 *Embelia laeta* (Linnaeus) Mez

【形态特征】　攀援灌木或藤本，稀小灌木，长1～3米；幼枝无毛，老枝具皮孔。叶片坚纸质，倒卵形或长圆状倒卵形，顶端圆形、钝或微凹，基部楔形，长3～4厘米，宽1～1.5厘米，稀长达7厘米，宽2.5厘米，全缘，两面无毛，无腺点，叶面中脉微凹；叶柄长5～8毫米。总状花序，腋生或侧生，生于前年无叶枝上，长3～8毫米，被细微柔毛，有花3～8朵，基部具1～2轮苞片；花瓣白色或带黄色，分离；雄蕊在雌花中退化，长达花瓣的2/3，在雄花中略超出花瓣，基部与花瓣合生；雌蕊在雄花中退化或几无，在雌花中较花瓣略长。果球形，直径约5毫米，腺点不明显。花期12月至翌年3月，果期4—6月。

【分布】　福建产于诏安、厦门、漳州、华安、惠安等地。分布于广东、广西、云南、台湾、江西等省区。越南、泰国、老挝、柬埔寨也有分布。多生于海拔800米以下的山地林中、林缘或灌丛中。

【用途】　果可食，有强壮补血之效；根、叶可散瘀止痛、收敛止泻，治跌打肿痛、肠炎腹泻、咽喉炎、胃酸少、痛经、闭经等症；叶可作外科洗药；嫩尖及叶可生食，味酸；根、叶可作兽药，治牛伤食胀气、热痛口渴。

192. 白花酸藤果 *Embelia ribes* Burm. f.

【形态特征】　攀援灌木或藤本；枝条无毛，老枝有明显的皮孔。叶片坚纸质，倒卵状椭圆形或长圆状椭圆形，顶端钝渐尖，基部楔形或圆形，全缘，两面无毛，背面有时被薄粉，腺点不明显，中脉隆起，侧脉不明显；叶柄长 5 ～ 10 毫米，两侧具狭翅。圆锥花序，顶生；花梗长 1.5 毫米以上；花 5 数，稀 4 数；花瓣淡绿色或白色，分离；雄蕊在雄花中着生于花瓣中部，与花瓣几等长，花丝较花药长 1 倍；雌蕊在雄花中退化，较花瓣短，柱头呈不明显的 2 裂。果球形或卵形，直径 3 ～ 5 毫米，红色或深紫色，无毛，干时具皱纹或隆起的腺点。花期 1—7 月，果期 5—12 月。

【分布】　产于福建省南靖等地。分布于贵州、云南、广西、广东、福建等省区。印度以东至印度尼西亚均有分布。生于海拔 50 ～ 2 000 米的林内、林缘灌木丛中，或路边、坡边灌木丛中。

【用途】　果可食，味甜；根可药用，治急性肠胃炎、赤白痢、腹泻、刀枪伤、外伤出血等，亦有用于蛇咬伤；叶煎水可作外科洗药。

（苏享修　摄）

193. 长叶酸藤子 *Embelia longifolia* (Benth.) Hemsl. FOC

【形态特征】　攀援灌木或藤本，长 3 米以上；小枝有明显的皮孔，无毛。叶片坚纸质，倒披针形或狭倒卵形，顶端广急尖至渐尖或钝，基部楔形，长 6 ～ 12 厘米，宽 2 ～ 4 厘米，全缘，两面无毛，叶面中脉微凹，侧脉微隆起，背面中、侧脉均隆起，侧脉很多，常连成边缘脉，具极少且不明显的腺点或几无；叶柄长 0.8 ～ 1 厘米。总状花序，腋生或侧生于次年生无叶小枝上，长约 1 厘米；雄蕊在雄花中伸出花冠，长约为花瓣长的 1 倍，仅基部与花瓣合生，花药背部密布腺点；雌蕊在雌花中超出花冠或与花冠等长，子房瓶形，无毛，柱头扁平或略盾状。果球形或扁球形，直径 1 ～ 1.5 厘米，红色，有纵肋及多少具腺点，萼片脱落，若宿存则反卷；果梗长约 1 厘米。花期 6—8 月，果期 11 月至翌年 1 月。

【分布】　福建产南靖、龙岩、永安、南平、福州、永泰、宁德等地。分布于贵州、云南、广西、广东、江西、福建等省区。生长于海拔 300 ～ 2 300 米，稀达 2 800 米的山谷、山坡疏、密林中或路边灌丛中。

【用途】　果可食，味酸，亦有驱蛔虫的作用；全株治产后腹痛、肾炎水肿、肠炎腹泻、跌打散瘀等，有利尿消肿，散瘀痛的功效。

（苏享修　摄）

194. 网脉酸藤子 *Embelia rudis* Hand.-Mazz.

【形态特征】 攀援灌木，分枝多；枝条无毛，密布皮孔，幼时多少被微柔毛。叶片坚纸质，稀革质，长圆状卵形或卵形，稀宽披针形，顶端急尖或渐尖，基部圆或钝，稀楔形，长5～10厘米，宽2～4厘米，边缘具细或粗锯齿，有时具重锯齿或几全缘，两面无毛；叶柄长6～8毫米，具狭翅，多少被微柔毛。总状花序，腋生，长1～2厘米，可达3厘米以上，被微柔毛；雄蕊在雌花中退化，长达花瓣的1/2，在雄花中与花瓣等长或较长，着生于花瓣的1/3处，花丝基部具乳头状突起，花药长圆形或卵形，背部具腺点；雌蕊在雌花中与花瓣等长，子房瓶形或球形，花柱常弯曲，柱头细尖或略展开。果球形，直径4～5毫米，具腺点，宿存萼紧贴果。花期10—12月，果期4—7月。

【分布】 产福建各地。分布于浙江、江西、台湾、湖南、广西、广东（海南岛未发现）、四川、贵州及云南等省区，生长于海拔200～1 600米的山坡灌木丛中或疏、密林中，干燥和湿润溪边的地方。

【用途】 果可食，味酸，根、茎可供药用，有清凉解毒、滋阴补肾的作用，治经闭、月经不调、风湿等症。

（苏享修 摄）

195. 当归藤 *Embelia parviflora* Wall.

【形态特征】 攀援灌木或藤本，长3米以上；老枝具皮孔，但不明显，小枝通常二列，密被锈色长柔毛，略具腺点或星状毛。叶二列，叶片坚纸质，卵形，顶端钝或圆形，基部广钝或近圆形，稀截形，长1～2厘米，宽0.6～1厘米，全缘，多少具缘毛，叶面仅下凹的中脉被柔毛，被锈色长柔毛或鳞片，近顶端具疏腺点；叶柄长约.5毫米。果球形，直径5毫米或略小，暗红色，无毛，宿存萼反卷。花期12月至翌年5月，果期5—7月。

【分布】 福建产南靖、福清、南平等地。分布于西藏、贵州、云南、广西、广东、浙江等省区。印度，缅甸至印度尼西亚亦有分布。生长于海拔300～1 800米的山间密林中或林缘，或灌木丛中，土质肥润的地方。

【用途】 果可食，藤药用，用瘀活血之效，也可用于治疗腰腿痛。

杜茎山属 Maesa

196. 杜茎山 *Maesa japonica* (Thunberg) Moritzi & Zollinger

【形态特征】 灌木，直立，有时外倾或攀援，高1～3米；小枝无毛，具细条纹，疏生皮孔。叶片革质，有时较薄，椭圆形至披针状椭圆形，或倒卵形至长圆状倒卵形，或披针形，几全缘或中部以上具疏锯齿，或除基部外均具疏细齿，两面无毛，叶面中、侧脉及细脉微隆起，背面中脉明显，隆起，侧脉5～8对，不甚明显，尾端直达齿尖；叶柄长5～13毫米，无毛。总状花序或圆锥花序，单1或2～3个腋生，长1～3厘米，仅近基部具少数分枝，无毛；雄蕊着生于花冠管中部略上，内藏；花丝与花药等长，花药卵形，背部具腺点；柱头分裂。果球形，直径4～5毫米，有时达6毫米，肉质，具脉状腺条纹，宿存萼包果顶端，常冠宿存花柱。花期1—3月，果期10月或5月。

【分布】 福建各地常见。产我国西南至台湾以南各省区。生长于海拔300～2 000米的山坡或石灰山杂木林下阳处，或路旁灌木丛中。

【用途】 果可食，微甜；全株供药用，有祛风寒、消肿之功，用于治腰痛、头痛、心燥烦渴、眼目晕眩等症；根与白糖煎服治皮肤风毒，亦治妇女崩带；茎、叶外敷治跌打损伤，止血。

柿 科 Ebenaceae

柿属 Diospyros

197. 乌柿 *Diospyros cathayensis* Steward （山柿子，丁香柿，长柄柿）

【**形态特征**】　　常绿或半常绿小乔木，高 10 米左右，干短而粗，胸高直径可达 30 ～ 80 厘米，树冠开展，多枝，有刺；枝圆筒形，深褐色至黑褐色，有小柔毛，后变无毛；小枝纤细，褐色至带黑色，平直，有短柔毛。叶薄革质，长圆状披针形，两端钝，上面光亮，深绿色，下面淡绿色，嫩时有小柔毛；叶柄短，有微柔毛。雄花生聚伞花序、上，极少单生，花萼 4 深裂，裂片三角形，两面密被柔毛；花冠壶状；雄蕊 16 枚；雌花单生，腋外生，白色，芳香。果球形，直径 1.5 ～ 3 厘米，嫩时绿色，熟时黄色，变无毛；宿存萼 4 深裂，裂片革质，卵形，先端急尖，有纵脉 9 条；果柄纤细，长 3 ～ 4 厘米。花期 4—5 月，果期 8—10 月。本种显著特点：果柄纤细而长，长 3 ～ 4 厘米，宿存萼的裂片宽短，卵形，长 1.2 ～ 1.8 厘米。

【**分布**】　　福建产福州等地；分布于四川西部、湖北西部、云南东北部、贵州、湖南、安徽南部等省区。生于海拔 600 ～ 1 500 米的河谷、山地或山谷林中。

【**用途**】　　四川群众以根和果入药，治心气痛。

198. 山柿 *Diospyros glaucifolia* Metc.

【形态特征】　　落叶乔木，高达 17 米，胸高直径达 50 厘米；树皮灰黑色或灰褐色；枝深褐色或黑褐色，散生纵裂的唇形小皮孔；花雌雄异株；雄花集成聚伞花序，通常有 3 朵，有短硬毛；雄蕊 16 枚，每 2 枚连生成对，腹面 1 枚的花丝较短，花药近长圆形，长约 4 毫米，腹背两面中央都有绢毛，先端渐尖；退化子房细小。果球形或扁球形，直径 1.5～2 厘米，嫩时绿色，后变黄色至橙黄色，熟时红色，被白霜；种子近长圆形，长约 1.2 厘米，宽约 8 毫米，侧扁，淡褐色，略有光泽；宿存萼花后增大，裂片长 5～8 毫米，两侧略背卷；果柄极短，长 2～3 毫米，有短硬毛。花期 4—5 月，果期 9—10 月。

【分布】　　福建产于武平、连城、永安、泰宁、光泽、武夷山。分布于江西、浙江、安徽、江苏等省区。生于常绿落叶阔叶混交林或灌丛中。

【用途】　　本种可用作栽培柿树的砧木。未熟果可提取柿漆，用途和柿树相同。果蒂亦入药。木材可作家具等用材。

（叶喜阳　摄）

199. 柿 *Diospyros kaki* Thunb.

【形态特征】　落叶大乔木，通常高达 10～14 米以上，胸高直径达 65 厘米，高龄老树有高达 27 米的。叶纸质，卵状椭圆形至倒卵形或近圆形，通常较大，长 5～18 厘米，宽 2.8～9 厘米，先端渐尖或钝，基部楔形，钝，圆形或近截形，很少为心形，新叶疏生柔毛，老叶上面有光泽，深绿色，无毛，下面绿色，有柔毛或无毛，中脉在上面凹下，有微柔毛；叶柄长 8～20 毫米，变无毛，上面有浅槽。花雌雄异株，但间或有雄株中有少数雌花，雌株中有少数雄花的，花序腋生，为聚伞花序；雄花序小，长 1～1.5 厘米，弯垂，有短柔毛或绒毛；退化雄蕊 8 枚，着生在花冠管的基部，带白色，有长柔毛。果形种种，有球形，扁球形，球形而略呈方形，卵形，等等，直径 3.5～8.5 厘米不等，基部通常有棱，嫩时绿色，后变黄色，橙黄色，果肉较脆硬，老熟时果肉变成柔软多汁，呈橙红色或大红色等，有种子数颗；果柄粗壮，长 6～12 毫米。花期 5—6 月，果期 9—10 月。

【分布】　福建各地常见。原产我国长江流域，现在在辽宁西部、长城一线经甘肃南部，折入四川、云南，在此线以南，东至台湾省，各省、区多有栽培。

【用途】　果可鲜食或作柿饼、柿丸。柿蒂、柿漆、柿霜可入药；花晒干研末，用于水痘疮溃烂处；根能清热凉血。木材质硬重，纹理细致，心材褐色带黑，可作工具柄、器具、文具、雕刻及细工等用材。

（张美娇　摄）

200. 罗浮柿 *Diospyros morrisiana* Hance（山椑树，牛古柿，乌蛇木，山红柿、山柿）

【形态特征】 乔木或小乔木，高可达 20 米，胸径可达 30 厘米；树皮呈片状剥落，表面黑色，除芽、花序和嫩梢外，各部分无毛。枝灰褐色；嫩枝疏被短柔毛。叶薄革质，长椭圆形或下部的为卵形，长 5～10 厘米，宽 2.5～4 厘米，先端短渐尖或钝，基部楔形，上面有光泽，深绿色，下面绿色，干时上面常呈灰褐色，下面常变为棕褐色。雄花序短小，腋生，聚伞花序式，有锈色绒毛；雄花带白色，花萼钟状；雄蕊 16～20 枚；花药有毛；花梗短，雌花：腋生，单生。果球形，直径约 1.8 厘米，黄色，有光泽；种子近长圆形，栗色，侧扁，长约 1.2 厘米；花期 5—6 月，果期 11 月。本种的果较小，几无柄，球形，直径约 1.3 厘米；宿存萼近方形；叶长椭圆形，长 5～10 厘米，宽 2.5～4 厘米；侧脉较少，每边约 6 条。

【分布】 福建各较常见。产广东、广西、福建、台湾、浙江、江西、湖南南部、贵州东南部、云南东南部、四川盆地等地。越南北部也有分布。垂直分布可达海拔 1 100～1 450 米；生于山坡、山谷疏林或密林中，或灌丛中，或近溪畔、水边。

【用途】 未成熟果实可提取柿漆，木材可制家具。茎皮、叶、果入药，有解毒消炎、收敛之效；鲜叶 1～2 两，水煎服，治食物中毒；绿果熬成膏，晒干，研粉，敷治水火烫伤；树皮水煎服，治腹泻、赤白痢。

（陈新艳 摄） （叶喜阳 摄）

201. 油柿 *Diospyros oleifera* Cheng

【形态特征】　落叶乔木，高达 14 米，胸径达 40 厘米，树干通直。叶纸质，长圆形、长圆状倒卵形、倒卵形，少为椭圆形，长 6.5～17 厘米，宽 3.5～10 厘米。花雌雄异株或杂性，雄花的聚伞花序生当年生枝下部，腋生，单生，每花序有花 3～5 朵，有时更多，或中央 1 朵为雌花，且能发育成果；雄花长约 8 毫米，花萼 4 裂，裂片卵状三角形，长约 2 毫米，基部宽约 2 毫米，先端钝；雄蕊 16～20 枚，着生在花冠管的基部，每 2 枚合生成对，腹面 1 枚较短，花丝短，有长硬毛。果卵形、卵状长圆形、球形或扁球形，略呈 4 棱，长 4.5～7 厘米，直径约 5 厘米，嫩时绿色，成熟时暗黄色，有易脱落的软毛，有种子 3～8 颗不等。花期 4—5 月，果期 8—10 月。

【分布】　福建产长汀、屏南、泰宁、永安、沙县、南平、建瓯、邵武、武夷山。产浙江中部以南、安徽南部、江西、福建、湖南、广东北部和广西等省区。通常栽培在村中、果园、路边、河畔等温暖湿润肥沃处。

【用途】　果可食。未成熟果实可榨汁，称柿漆或柿涩，用于染渔网、纸伞、衣帛等，有防水作用。果蒂入药。

202. 老鸦柿 *Diospyros rhombifolia* Hemsley

【形态特征】 落叶小乔木，高可达 8 米左右；树皮灰色，平滑；多枝，有枝刺；枝深褐色或黑褐色，无毛，散生椭圆形的纵裂小皮孔；叶纸质，菱状倒卵形，长4～8.5 厘米，宽 1.8～3.8 厘米。雄花生当年生枝下部；花萼 4 深裂，裂片三角形；花冠壶形，5 裂，裂片覆瓦状排列；雄蕊 16 枚，每 2 枚连生，腹面 1 枚较短；雌花：散生当年生枝下部；花萼 4 深裂；花冠壶形，4 裂，裂片长圆形；子房卵形；柱头 2 浅裂；花梗纤细，有柔毛。果单生，球形，直径约 2 厘米，嫩时黄绿色，有柔毛，后变橙黄色，熟时橘红色，有蜡样光泽，无毛，顶端有小突尖；有种子 2～4 颗；种子褐色，半球形或近三棱形，背部较厚，宿存萼 4 深裂，裂片革质，长圆状披针形，先端急尖，有明显的纵脉；果柄纤细，长 1.5～2.5 厘米。花期 4—5 月，果期 9—10 月。

【分布】 福建产于永泰、福州、罗源、柘荣、三明。分布于浙江、江苏、安徽、江西等省区。生于山坡灌丛或林缘。

【用途】 本种植株矮小，可作庭园观赏树；果可制柿漆。实生苗可作柿树的砧木。

203. 延平柿 *Diospyros tsangii* Merrill

【形态特征】　灌木或小乔木，高可达7米；嫩枝、叶上面中脉和侧脉、叶柄上面都有锈色微柔毛；小枝褐色或灰褐色，无毛，有近圆形或椭圆形的纵裂皮孔；嫩枝有短柔毛；冬芽卵形，长约2毫米，有小柔毛。叶纸质，长圆形或长圆椭圆形，长4～9厘米，宽1.5～3厘米。聚伞花序短小，生当年生枝下部，有花1朵；雄花长约8毫米，花萼4深裂，裂片披针形，长5～7毫米，宽约2毫米，有短柔毛，先端渐尖；花冠白色，4裂，裂片卵形，长约2毫米，有伏柔毛；雄蕊16枚，2枚连生成对，有柔毛，长约4毫米；花梗极短，几近无梗；雌花单生叶腋，比雄花大，花萼4裂，萼管近钟形。花期2—5月，果期8月间。

【分布】　福建产同安、连城、屏南、周宁、永安、南平、武夷山。产广东、福建、江西等地。生于灌木丛中或阔叶混交林中。

【用途】　果可食。可作柿树的矮化砧木。

（陈新艳　摄）

204. 福州柿 *Diospyros cathayensis* Steward var. *foochowensis* (Metc. et Chen) S. Lee

【**形态特征**】　　常绿或半常绿小乔木，高 10 米左右，干短而粗；枝圆筒形，深褐色至黑褐色，有小柔毛，后变无毛，散生纵裂近圆形的小皮孔；小枝纤细，褐色至带黑色，平直，有短柔毛；叶椭圆形、狭椭圆形以至倒披针形，下面中脉上常散生长伏柔毛，叶两面均具微小乳头状突起。花梗长 3～6 毫米，总梗长 7～12 毫米，均密生短粗毛；雌花单生，腋外生，白色，芳香；花萼 4 深裂，裂片卵形，长约 1 厘米，有短柔毛，先端急尖；退化雄蕊 6 枚，花丝有短柔毛；果球形，直径 1.5～3 厘米，嫩时绿色，熟时黄色，变无毛；种子褐色，长椭圆形，长约 2 厘米，宽约 7 毫米。花期 4—5 月，果期 8—10 月。

【**分布**】　　产福建福州乌石山和鼓山。生于石山林中。

【**用途**】　　果可食。根和果入药，治心气痛。

（倪必勇　摄）

（倪必勇　摄）

（倪必勇　摄）

205. 野柿 *Diospyros kaki* Thunb. var. *silvestris* Makino

【形态特征】　　本变种是山野自生柿树。小枝及叶柄常密被黄褐色柔毛，叶较栽培柿树的叶小，叶片下面的毛较多，花较小，果亦较小，直径约 2 ～ 5 厘米。

【分布】　　产福建各地，分布于我国中部、云南、广东和广西北部、江西、福建等省区的山区；生于山地自然林或次生林中，或在山坡灌丛中，垂直分布约达 1 600 米。

【用途】　　果脱涩后可食，亦有在树上自然脱涩的。木材用途同于柿树。树皮亦含鞣质。实生苗可作栽培柿树的砧木。

紫草科 Boraginaceae

破布木属 Cordia

206. 破布木 *Cordia dichotoma* Forst. f.

【形态特征】 乔木，高 3～8 米。叶卵形、宽卵形或椭圆形，长 6～13 厘米，宽 4～9 厘米，先端钝或具短尖，基部圆形或宽楔形，边缘通常微波状或具波状牙齿，稀全缘，两面疏生短柔毛或无毛；叶柄细弱，长 2～5 厘米。聚伞花序生具叶的侧枝顶端，二叉状稀疏分枝，呈伞房状，宽 5～8 厘米；花二型，无梗；花萼钟状，5 裂，长 5～6 毫米，裂片三角形，不等大；花冠白色，与花萼略等长，裂片比筒部长。核果近球形，黄色或带红色，直径 10～15 毫米，具多胶质的中果皮，被宿存的花萼承托。花期 2—4 月，果期 6—8 月。

【分布】 福建中部、南部习见。产西藏东南部、云南、贵州、广西、广东、福建及台湾。生海拔 300～1 900 米山坡疏林及山谷溪边。

【用途】 果实富含脂肪，可食用，也可榨油，为野生木本油料植物；果入药，有祛痰利尿之效。木材可供建筑及农具用材。

茜草科 Rubiaceae

栀子属 Gardenia

207. 栀子 *Gardenia jasminoides* J. Ellis

【形态特征】 灌木，高 0.3 ～ 3 米；嫩枝常被短毛，枝圆柱形，灰色。叶对生，革质，稀为纸质，少为 3 枚轮生，叶形多样，通常为长圆状披针形、倒卵状长圆形、倒卵形或椭圆形，长 3 ～ 25 厘米，宽 1.5 ～ 8 厘米。花芳香，通常单朵生于枝顶，花梗长 3 ～ 5 毫米。果卵形、近球形、椭圆形或长圆形，黄色或橙红色，长 1.5 ～ 7 厘米，直径 1.2 ～ 2 厘米，有翅状纵棱 5 ～ 9 条，顶部的宿存萼片长达 4 厘米，宽达 6 毫米；种子多数，扁，近圆形而稍有棱角，长约 3.5 毫米，宽约 3 毫米。花期 3—7 月，果期 5 月至翌年 2 月。

【分布】 福建全省各地常见。产于山东、江苏、安徽、浙江、江西、福建、台湾、湖北、湖南、广东、香港、广西、海南、四川、贵州、云南、河北、陕西、甘肃等省区。

【用途】 成熟果实可提取栀子黄色素，可作黄色染料，又是一种品质优良的天然食品色素，广泛应用于糕点、糖果、饮料等食品的着色上。入药具消炎、解热及止血功效；花可提取芳香浸膏，作化妆品和香皂、香精的调和剂。

茄 科 Solanaceae

枸杞属 Lycium

208. 枸杞 *Lycium chinense* Miller

【形态特征】 多分枝灌木，高 0.5～1 米，栽培时可达 2 米多；枝条细弱，弓状弯曲或俯垂，淡灰色，有纵条纹，棘刺长 0.5～2 厘米，生叶和花的棘刺较长，小枝顶端锐尖成棘刺状。叶纸质或栽培者质稍厚，单叶互生或 2～4 枚簇生，卵形、卵状菱形、长椭圆形、卵状披针形，顶端急尖，基部楔形，长 1.5～5 厘米，宽 0.5～2.5 厘米，栽培者较大，可长达 10 厘米以上，宽达 4 厘米；叶柄长 0.4～1 厘米。花在长枝上单生或双生于叶腋，在短枝上则同叶簇生；花梗长 1～2 厘米，向顶端渐增粗。浆果红色，卵状，栽培者可成长矩圆状或长椭圆状，顶端尖或钝，长 7～15 毫米，栽培者长可达 2.2 厘米，直径 5～8 毫米。种子扁肾脏形，长 2.5～3 毫米，黄色。花果期 6—11 月。

【分布】 福建各地常见栽培或逸为野生。分布于中国东北、河北、山西、陕西、甘肃南部以及西南、华中、华南和华东等省区。朝鲜、日本及欧洲各地也有分布。常生于山坡、荒地、丘陵地、盐碱地、路旁及村边宅旁。

【用途】 果实（中药称枸杞子），药用功能与宁夏枸杞同；根皮（中药称地骨皮），有解热止咳之效用。

（张美娇 摄）

茄属 Solanum

209. 龙葵 *Solanum nigrum* Linnaeus

【形态特征】　　一年生直立草本，高 0.25 ～ 1 米，茎无棱或棱不明显，绿色或紫色，近无毛或被微柔毛。叶卵形，长 2.5 ～ 10 厘米，宽 1.5 ～ 5.5 厘米，先端短尖，基部楔形至阔楔形而下延至叶柄，全缘或每边具不规则的波状粗齿，光滑或两面均被稀疏短柔毛，叶脉每边 5 ～ 6 条，叶柄长约 1 ～ 2 厘米。蝎尾状花序腋外生，由 3 ～ 6（或10）花组成，总花梗长约 1 ～ 2.5 厘米，花梗长约 5 毫米，近无毛或具短柔毛；萼小，浅杯状，直径约 1.5 ～ 2 毫米，齿卵圆形，先端圆，基部两齿间连接处成角度；花冠白色，筒部隐于萼内，长不及 1 毫米，柱头小，头状。浆果球形，直径约 8 毫米，熟时黑色。种子多数，近卵形，直径约 1.5 ～ 2 毫米，两侧压扁。

【分布】　　福建全省各地极多见。全国各地均有分布。欧、亚、美洲也有分布。多生于海拔 1 500 米以下的田边、路边、荒地及房前屋后。

【用途】　　果淡甜，全株入药，可散瘀消肿，清热解毒。

忍冬科 Caprifoliaceae

接骨木属 Sambucus Linn.

210. 接骨草 *Sambucus javanica* Blume

【形态特征】　高大草本或半灌木，高1～2米；茎有棱条，髓部白色。羽状复叶的托叶叶状或有时退化成蓝色的腺体；小叶2～3对，互生或对生，狭卵形，长6～13厘米，宽2～3厘米，嫩时上面被疏长柔毛，先端长渐尖，基部钝圆，两侧不等，边缘具细锯齿，近基部或中部以下边缘常有1或数枚腺齿。复伞形花序顶生，大而疏散，总花梗基部托以叶状总苞片，分枝3～5出，纤细，被黄色疏柔毛；杯形不孕性花不脱落，可孕性花小；萼筒杯状，萼齿三角形；花冠白色，仅基部联合，花药黄色或紫色；子房3室，花柱极短或几无，柱头3裂。果实红色，近圆形，直径3～4毫米；核2～3粒，卵形，长2.5毫米，表面有小疣状突起。花期4—5月，果熟期8—9月。

【分布】　产陕西、甘肃、江苏、安徽、浙江、江西、福建、台湾、河南、湖北、湖南、广东、广西、四川、贵州、云南、西藏等省区。生于海拔300～2 600米的山坡、林下、沟边和草丛中，

【用途】　果实小味淡，常为药用，可治跌打损伤，有去风湿、通经活血、解毒消炎之功效。

（刘兴剑　摄）

荚蒾属 Viburnum

211. 金腺荚蒾 *Viburnum chunii* P. S. Hsu

【形态特征】　常绿灌木，高 1～2 米；当年小枝四角状，无毛，二年生小枝灰褐色。叶厚纸质至薄革质，卵状菱形至菱形或椭圆状矩圆形；叶柄长 4～8 毫米，初时疏被黄褐色短伏毛，后变无毛；托叶缺。复伞形式聚伞花序顶生，直径 1.5～2 厘米，疏被黄褐色简单或叉状短糙伏毛和腺点，总花梗长 5～18 毫米，花生于第一级辐射枝上，有短梗；苞片和小苞片宿存；萼筒钟状，无毛，萼齿卵状三角形，顶钝，有缘毛；花冠蕾时带红色。果实红色，圆形，直径 8～9 毫米；核卵圆形，扁，长 5～8 毫米，直径 5～6 毫米，背、腹沟均不明显。花期 5 月，果熟期 10—11 月。

【分布】　福建产连城、屏南、南平等。产安徽南部、浙江东部至南部、江西南部和西部、福建北部、湖南、广东、广西及贵州东南部（榕江）。生于山谷密林中或疏林下蔽荫处及灌丛中，海拔 140～1 300 米。

【用途】　果实淡甜，鲜艳美观，可作于园林观赏。

（叶喜阳　摄）

212. 荚蒾 *Viburnum dilatatum* Thunberg

【形态特征】　落叶灌木，高 1.5～3 米；当年小枝连同芽、叶柄和花序均密被土黄色或黄绿色开展的小刚毛状粗毛及簇状短毛，老时毛可弯伏，毛基有小瘤状突起，二年生小枝暗紫褐色，被疏毛或几无毛，有凸起的垫状物。叶纸质，宽倒卵形、倒卵形、或宽卵形；叶柄长 10～15 毫米；无托叶。复伞形式聚伞花序稠密，生于具 1 对叶的短枝之顶，直径 4～10 厘米，果时毛多少脱落，总花梗长 1～2 厘米，第一级辐射枝 5 条，花生于第三至第四级辐射枝上，萼和花冠外面均有簇状糙毛。果实红色，椭圆状卵圆形，长 7～8 毫米；核扁，卵形，长 6～8 毫米，直径 5～6 毫米，有 3 条浅腹沟和 2 条浅背沟。花期 5—6 月，果熟期 9—11 月。

【分布】　福建全省各地较常见。分布于广东、广西、云南、贵州、四川、湖南、湖北、台湾、浙江、安徽、河南、河北、陕西、甘肃等省区。日本也有分布。多生于海拔 900～1 900 米的山坡、沟谷林缘、林中或路旁灌丛中。

【用途】　果可食，亦可酿酒。韧皮纤维可制绳和人造棉。种子含油 10.03%～12.91%，可制肥皂和润滑油。

213. 宜昌荚蒾 *Viburnum erosum* Thunberg

【形态特征】　落叶灌木，高达3米；当年小枝连同芽、叶柄和花序均密被簇状短毛和简单长柔毛，二年生小枝带灰紫褐色，无毛。叶纸质，形状变化很大，卵状披针形、卵状矩圆形、狭卵形、椭圆形或倒卵形；叶柄长3～5毫米，基部有2枚宿存、钻形小托叶。复伞形式聚伞花序生于具1对叶的侧生短枝之顶，直径2～4厘米，总花梗长1～2.5厘米，第一级辐射枝通常5条，花生于第二至第三级辐射枝上，常有长梗；花柱高出萼齿。果实红色，宽卵圆形，长6～9毫米；核扁，具3条浅腹沟和2条浅背沟。花期4—5月，果熟期8—10月。

【分布】　福建产武平、南平、沙县、屏南、武夷山、光泽、浦城等地。分布于广东、广西、湖北、湖南、四川、贵州、云南、台湾、浙江、江西、江苏南部、安徽、陕西、山西等省区。日本和朝鲜也有分布。多生于海拔580～1 250米的山坡林中、溪旁、路边灌丛中。

【用途】　果淡甜可食，种子含油约40%，供制肥皂和润滑油。茎皮纤维可制绳索及造纸；枝条供编织用。

（刘兴剑　摄）

214. 南方荚蒾 *Viburnum fordiae* Hance

【形态特征】　灌木或小乔木，高可达 5 米；幼枝、芽、叶柄、花序、萼和花冠外面均有由暗黄色或黄褐色簇状毛组成的绒毛；枝灰褐色或黑褐色。叶纸质至厚纸质，顶端钝或短尖至短渐尖，基部圆形至截形或宽楔形，稀楔形，边缘基部除外常有小尖齿；壮枝上的叶带革质，常较大，基部较宽。复伞形式聚伞花序顶生或生于具 1 对叶的侧生小枝之顶，直径 3～8 厘米，总花梗长 1～3.5 厘米或极少近于无，第一级辐射枝通常 5 条，花生于第三至第四级辐射枝上；萼筒倒圆锥形，萼齿钝三角形；花冠白色，辐状，裂片卵形，长约 1.5 毫米；雄蕊与花冠等长或略超出，花药小，近圆形；花柱高出萼齿，柱头头状。果实红色，卵圆形，长 6～7 毫米；核扁，有 2 条腹沟和 1 条背沟。花期 4—5 月，果熟期 10—11 月。

【分布】　福建全省各地较常见。分布于广东、广西、云南、贵州、湖南、江西、浙江、安徽等省区。多生于海拔 200～1 300 米的山坡灌丛、沟谷林缘及疏林中。

【用途】　果淡甜可食，根、茎、叶可入药。具有疏风解表，活血散瘀，清热解毒之功效。主治感冒、发热、月经不调、风湿痹痛、跌打损伤、淋巴结炎、疮疖、湿疹。

215. 披针叶荚蒾 *Viburnum lancifolium* P. S. Hsu

【形态特征】　常绿灌木，高约 2 米；幼枝、叶下面、叶柄、花序和萼筒外面均有红褐色微细腺点；当年小枝四角状，连同叶（上面沿中脉，下面沿中脉和侧脉）、叶柄、花序、萼筒及萼裂片边缘均被黄褐色簇状毛，或夹生叉状或简单短毛和长毛，二年生小枝浅紫褐色，圆柱形。叶皮纸质，矩圆状披针形至披针形。复伞形式聚伞花序顶生，直径约 4 厘米，果时可达 6.5 厘米，总花梗纤细，长 1.5 ～ 4 厘米；花生于第三至第四级辐射枝上；苞片和小苞片膜质；萼筒筒状，顶钝，长约为筒之半，略有小睫毛；花冠白色，无毛；雄蕊略高出花冠，花药宽椭圆形。果实红色，圆形，直径 7 ～ 8 毫米，宿存柱头稍高出萼齿或否；核扁，常带方形，长度和直径各 5 ～ 6 毫米，腹面凹陷，有 2 条浅沟，背面凸起而无沟。花期 5 月，果熟期 10—11 月。

【分布】　福建省产闽候、永安、光泽、浦城等县；分布浙江西南部、江西东部和南部。多生于海拔 200 ～ 700 米的山坡灌丛、路边、溪边阴湿地。

【用途】　果实淡甜，鲜艳美观，可作于园林观赏。

216. 茶荚蒾 *Viburnum setigerum* Hance

【形态特征】 落叶灌木，高达 4 米；芽及叶干后变黑褐色或灰黑色；当年小枝浅灰黄色，多少有棱角，无毛，二年生小枝灰色，灰褐色或紫褐色。叶纸质，顶端渐尖，基部圆形，边缘基部除外疏生尖锯齿，近基部两侧有少数腺体，侧脉 6～8 对；叶柄长 1～2.5 厘米。复伞形式聚伞花序无毛或稍被长伏毛，有极小红褐色腺点，总花梗长 1～3.5 厘米，萼筒长约 1.5 毫米，无毛和腺点；花冠白色，干后变茶褐色或黑褐色，裂片卵形，长约 2.5 毫米；雄蕊与花冠几等长，花药圆形，极小；花柱不高出萼齿。果序弯垂，果实红色，卵圆形，长 9～11 毫米；核甚扁，卵圆形，长 8～10 毫米，直径 5～7 毫米，凹凸不平，腹面扁平或略凹陷。花期 4—5 月，果熟期 9—10 月。

【分布】 福建产连城、上杭、屏南、福鼎、永安、南平、建瓯、建阳、建宁、泰宁、武夷山、光泽等地。分布于广东、广西、台湾、湖南、贵州、云南、四川、湖北、江苏、安徽南部和西部、浙江、江西、陕西等省区。多生于海拔 500～1 900 米的山坡、林缘、路旁的灌丛中或山谷林下。

【用途】 根及果实可供药用。茶荚蒾果熟时粒粒殷红，烂漫如锦。宜植地墙隅、亭旁或丛植于常绿林缘。

（张美娇 摄）

（张美娇 摄）

百合科 Smilacaceae

菝葜属 Smilax

217. 菝葜 *Smilax china* Linnaeus

【形态特征】　攀援灌木；根状茎粗厚，坚硬，为不规则的块状，粗 2～3 厘米。茎长 1～3 米，少数可达 5 米，疏生刺。叶薄革质或坚纸质，干后通常红、褐色或近古铜色，圆形、卵形或其他形状，长 3～10 厘米，宽 1.5～6 厘米，下面通常淡绿色，较少苍白色，脱落点位于靠近卷须处。伞形花序生于叶尚幼嫩的小枝上，具十几朵或更多的花，常呈球形；总花梗长 1～2 厘米；花序托稍膨大，近球形，较少稍延长，具小苞片；花绿黄色，外花被片长 3.5～4.5 毫米，宽 1.5～2 毫米，内花被片稍狭；雄花中花药比花丝稍宽，常弯曲；雌花与雄花大小相似，有 6 枚退化雄蕊。浆果直径 6～15 毫米，熟时红色，有粉霜。花期 2—5 月，果期 9—11 月。

【分布】　福建产于全省各地；分布于山东（山东半岛）、江苏、浙江、台湾、江西、安徽（南部）、河南、湖北、四川（中部至东部）、云南（南部）等省区。缅甸、越南、泰国、菲律宾也有分布。生于海拔 2 000 米以下的林下、灌丛中、路旁、河谷或山坡上。

【用途】　果可食带涩味，根状茎可以提取淀粉和栲胶，或用来酿酒。有些地区作土茯苓或萆薢混用，也有祛风活血作用。

218. 土茯苓 *Smilax glabra* Roxburgh

【形态特征】 攀援灌木；根状茎粗厚，块状，常由匍匐茎相连接，粗2～5厘米。茎长1～4米，枝条光滑，无刺。叶薄革质，狭椭圆状披针形至狭卵状披针形，先端渐尖，下面通常绿色，有时带苍白色；叶柄具狭鞘，有卷须。伞形花序通常具10余朵花；总花梗长1～5毫米，通常明显短于叶柄，极少与叶柄近等长；在总花梗与叶柄之间有一芽；花序托膨大，连同多数宿存的小苞片多少呈莲座状；花绿白色，六棱状球形，直径约3毫米；雄花外花被片近扁圆形，宽约2毫米，兜状，背面中央具纵槽；内花被片近圆形，宽约1毫米，边缘有不规则的齿；雄蕊靠合，与内花被片近等长，花丝极短。浆果直径7～10毫米，熟时紫黑色，具粉霜。花期7—11月，果期11月至翌年4月。

【分布】 福建产于连城、南安、南靖、平和、龙岩、漳州、南平、沙县、武夷山、光泽等地；分布于甘肃（南部）和长江流域以南各省区，直到台湾、海南岛和云南。越南、泰国和印度也有分布。生于海拔1 800米以下的林中、灌丛下、河岸或山谷中，也见于林缘与疏林中。

【用途】 果可食带涩味，本种粗厚的根状茎入药，称土茯苓，性甘平，利湿热解毒，健脾胃，且富含淀粉，可用来制糕点或酿酒。

芭蕉科 Musaceae

芭蕉属 Musa L.

219. 野蕉 *Musa balbisiana* Colla（伦阿蕉，山芭蕉）

【形态特征】　假茎丛生，高约6米，黄绿色，有大块黑斑，具匍匐茎。叶片卵状长圆形，长约2.9米，宽约90厘米，基部耳形，两侧不对称，叶面绿色，微被蜡粉；叶柄长约75厘米，叶翼张开约2厘米，但幼时常闭合。花序长2.5米，雌花的苞片脱落，中性花及雄花的苞片宿存，苞片卵形至披针形，外面暗紫红色，被白粉，内面紫红色，开放后反卷；合生花被片具条纹，外面淡紫白色，内面淡紫色；离生花被片乳白色，透明，倒卵形，基部圆形，先端内凹，在凹陷处有一小尖头。果丛共8段，每段有果2列，约15～16个。浆果倒卵形，长约13厘米，直径4厘米，灰绿色，棱角明显，先端收缩成一具棱角、长约2厘米的柱状体，基部渐狭成长2.5厘米的柄，果内具多数种子；种子扁球形，褐色，具疣。

【分布】　福建全省习见，最北分布至武夷山皮坑。分布于云南、广西、广东、海南等省区。亚洲东南部也有。生于沟谷坡地湿处或湿润常绿林中。

【用途】　果小种子多，可食率低。嫩假茎可作猪饲料。

参考文献

晁无疾，赵祥云 .1991. 秦巴山区野生植物果树种质资源研究概述 [J]. 果树科学，8(2):119-123.

陈照峰，王杰，陈研惠，等 .1994. 试论中国第三果树带的形成与发展 [J]. 武汉植物学研究，12 (2):175-179.

代正福，周正帮 .1998. 贵州亚热带地区野生果树资源种类、评价及利用 [J]. 种子，(4):22-33.

福建省地方志编纂委员会 .2003. 福建省志 . 生物志 [M]. 北京：方志出版社 .

福建植物志编写组 .1982—1989. 福建植物志（1-4 册）[M]. 福建：福建科学技术出版社 .

傅立国，陈潭清，郎楷永，等 .1999—2012. 中国高等植物，1-14 卷 [M]. 青岛：青岛出版社 .

何飞，刘兴良，王金锡，等 .2004. 四川野生果树资源种类、地理分布及其开发利用研究 [J]. 四川林业科技，25(1):61-66.

江苏新医学院 .1986. 大药大辞典 [M]. 上海：上海科技出版社 .1564.

刘剑秋 .1993. 福建省野生果树种质资源研究 [J]. 国土与自然资源研究，(4):69-71.

刘克明 .1994. 湖南野生果树种植资源及其评价 [J]. 湖南师范大学自然科学学报，17(3):72-82.

刘孟军 .1998. 中国的野生果树种质资源 [J]. 河北农业大学学报，21(1):102-109.

邱武凌 .1999. 福建果树 50 年 [M]. 福建：福建教育出版社 .

唐开学，李学林，钱绍仙，等 .2003. 云南野生果树资源及其分布特点 [J]. 西南农业学报，16(1):108-112.

唐开学，李学林，张文炳，等 .2002. 云南特有野生果树资源及其分布特点 [J]. 园艺学报，29 (5):418-422.

韦霄，韦记青，蒋运生，等 .2005. 广西野生果树资源调查研究 . 广西植物 [J]，25(4):314-320.

熊文愈等 .1993. 中国木本药用植物 [M]. 上海：上海科技教育出版社 .338-444.

俞德浚 .1979. 中国果树分类学 [M]. 北京：农业出版社 .

中国科学院植物研究所 .1972—1976. 中国高等植物图鉴，1-5 卷 [M]. 北京：科学出版社 .

中国科学院中国植物编辑委员会 .1959—2004. 中国植物志，1-80 卷 [M]. 北京：科学出版社 .

中科院四川分院农业生物研究所 .1962. 四川野生经济植物志 (上册)[M]. 成都：四川人民出版社 .

中科院四川分院农业生物研究所 .1963. 四川野生经济植物志 (下册)[M]. 成都：四川人民出版社 .

Flora of China 编委会 .1989-2013. Flora of China，Vol[M]. 1-25. Beijing:Science Press & St.Louis: Missouri Botanical Garden Press.